과학에서 출발해
철학으로 나아가는
1분 드라마

1분 과학 2

과학에서 출발해 철학으로 나아가는 **1분 드라마**

1분 과학 2

1 Minute Science

이재범 지음 | 최준석 그림

위즈덤하우스

차례

서문 … 6

01 **모기** : 생태계에 꼭 필요한 불청객 … 9

02 **우울증** : 우울증이 수십만 년 전에도 있었다고? … 23

03 **애완견** : 개들이 인간과 친해질 수 있었던 이유 … 39

04 **사랑** : 과학자들이 사랑을 설명하는 법 … 57

05 **데자뷔** : 이게 꿈인지 생시인지 … 73

06 **싸움** : 지구상에서 가장 폭력적인 동물 … 89

07 **겨털** : 겨드랑이에 털이 존재하는 이유 … 107

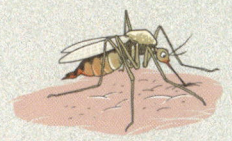

08 **인공지능의 꿈** : 인공지능도 사람처럼 꿈을 꿀까? ··· 125

09 **특이점** : 인간보다 더 뛰어난 존재가 온다 ··· 139

10 **유토피아** : 로봇이 가져오는 환상의 세계 ··· 171

11 **왜 사니** : 무엇이 진짜일까? ··· 187

12 **거짓말** : 사라지지 않는 과학계 거짓말 TOP 10 ··· 215

13 **새로운 신** : 나보다 나를 더 잘 아는 존재 ··· 231

14 **시뮬레이션** : 무한 가상의 세계 ··· 271

참고 문헌 ··· 287

> 서문

"과학은 복잡하고 어려운 것이 아니라 우리 주변의 모든 현상과 사물에 적용될 수 있는 흥미로운 이야기로 접근할 수 있습니다. 이 책은 짧은 시간 안에 과학적 지식을 전달하여 독자들이 쉽고 재미있게 과학을 이해하고 흥미를 느낄 수 있도록 구성되었습니다. 과학을 통해 세상을 더 깊이 이해하고, 일상 속에서 작은 발견의 즐거움을 찾을 수 있기를 바랍니다."

여기까지는 ChatGPT가 쓴 서문입니다.

불과 4년 전, 《1분 과학》이 출간됐을 때만 해도 우리는 이런 급격한 변화를 예상하지 못했습니다. 인공지능은 인간의 역할을 다양한 분야에서 대체하고 있으며 앞으로 그 범위는 매우 빠르게 확대될 것입니다.

이러한 변화는 '인간이란 무엇인가?'라는 근본적인 질문을 떠올리게 만듭니다. 과연 우리는 어떤 존재이며 앞으로 무엇을 하고 살아야 할까요? 인공지능이 인간의 역할을 대체하기 시작하면서 사람들은 정체성에 혼란을 겪고 있습니다.

그러던 어느 날 저는 우연히 찾은 EDM 콘서트장에서 그 답을 찾았습니다. 귀가 찢어질듯 울려 퍼지는 비트에 맞춰 사람들은 신나게 몸을 흔들고 있었습니다. 이 비이성적인 모습을 보고 있으니 웃음이 터져 나왔습니다.

이 모습은 진화론적으로 말이 되지 않습니다. 여기에는 어떠한 효율적인 이유도 없고 생존과 번식을 위해서라면 이런 행동은 진즉에 퇴화되었어야 합니다. 바로 그것입니다. 이유가 없는 게 진짜 이유입니다. 이것이 인간입니다.

인간과 인공지능의 차이는 명확합니다.

　인공지능은 비가 올 때 비 맞는 것이 좋다며 나가서 뛰어놀지 않습니다. 사랑하는 사람이 죽었을 때 이미 떠나고 없어진 그 상상의 존재를 붙잡고 슬픔에 잠기는 일도 없습니다. 인공지능은 EDM 음악에 맞춰 몸을 흔들며 에너지를 소모하지 않고, 금연을 결심하고 담배를 내려놓기 위해 애를 쓰지도 않습니다. 이는 너무 비이성적입니다. 너무 행복한 나머지 눈물이 나오는 것처럼 우리의 감정은 비이성적입니다.

　사실 인공지능은 인간의 그 어떤 것도 대체하지 않았습니다. 인공지능이 우리가 하던 많은 일을 효율적으로 해내고 있지만, 이는 오히려 그 일이 '우리 자신'을 정의하지 않음을 보여줄 뿐입니다. 인간은 단순히 어떤 일을 수행하기보다는 그것을 통해 느끼고 경험하며, 다른 이들과 감정을 나누는 존재입니다. 이 책 역시 그런 인간이 쓴 책입니다.

　한 인간이 감탄한 과학적 사실과 그 배움을 통해 재미있게 해본 상상들까지…… 이 모든 것을 여러분과 공유하고자 하는 마음으로 이 책을 펴냈습니다. 여러분이 이 책을 보고 기뻐하거나 실망하는 것은 그 어떤 전지전능한 존재가 나타나도 대체할 수 없는 여러분의 것입니다. 잊지 마세요.

'1분 과학' 유튜버 이재범 드림

모기
: 생태계에 꼭 필요한 불청객

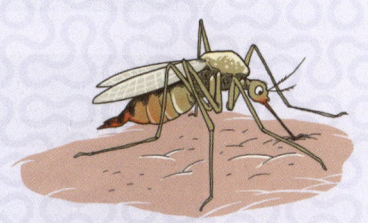

애애애애~앵

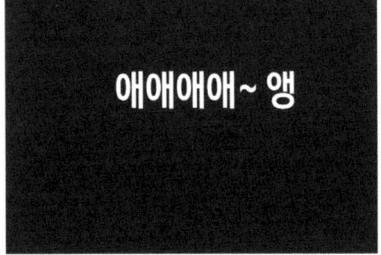

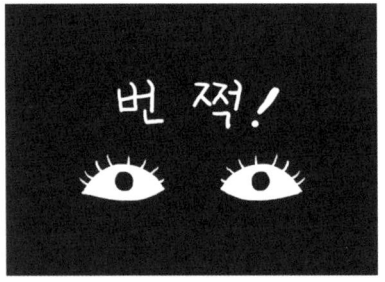

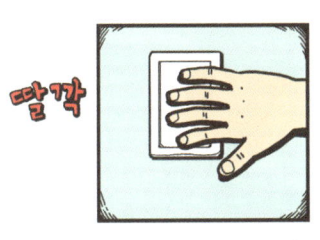

모기는 단순히 우리의 수면을 방해하는 데 그치지 않고 뎅기열, 황열병, 일본뇌염 등 치명적인 바이러스를 퍼뜨린다.

특히 모기가 옮기는 말라리아에 매년 2억 5천만 명이 감염된다.

이에 과학자들 사이에서도 의견이 엇갈린다.

라고 주장하는 학자들이 있는가 하면

라고 주장하는 학자들도 있다.

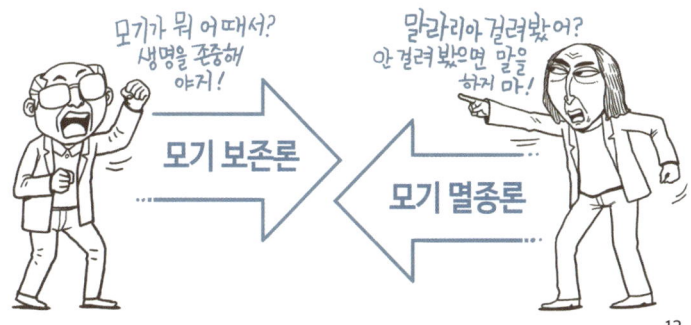

또 보존론자들은 모기의 유충이 유기물 찌꺼기나 미생물 등을 먹어 치우며 여과 기능을 담당한다고 말한다.

하지만 멸종론자들은

모기가 아니어도 다른 미생물들이 여과 기능을 할 수 있다고 주장한다.

그밖에도 모기는 "오늘은 어디에 빨대 꽂을까?" "배고파"

"찾았다!"

순록 한 마리당

하루 300ml까지

이... 원수 같은 놈들!

피를 빨아 먹는다.

이 때문에 순록은 모기떼를 피해 바람을 거슬러 이동한다.

모기 때문에~

만약 모기가 사라지고

순록 떼가 지나가는 토양, 식생, 그리고…

순록을 따라다니는 육식 동물의 분포에 막대한 영향을
미칠 수도 있다고 모기 보존론자들은 말한다.

식물의 즙을
빨아 먹으며

꽃가루
매개자 역할을
하기 때문에

모기가 없으면
수천 종의 꽃들이
번식하기
어려울 수도 있다.

"모든 생명체는 자연계에서 필요한 영역을 차지하고 있기 때문이죠."

얻을 수 있는 이득이 상당하다.

모기로 인한 전염병 때문에

죽어가던 많은 생명을 구할 수 있고

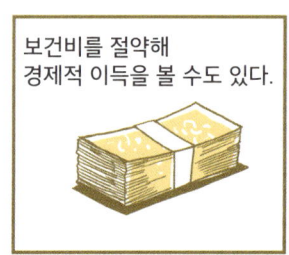

특히 사하라 이남 아프리카 국가들의 경우

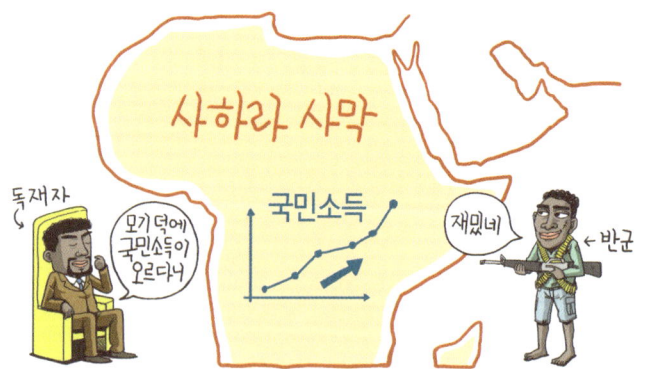

의료 비용 절감으로 매년 1.3%의 국민 소득 성장을 이끌어 낼 수도 있다고 하니

인류에게 모기는 없는 편이 더 나을지도 모른다.

우울증
: 우울증이 수십만 년 전에도 있었다고?

적자생존

치열하게 경쟁하는

동물의 왕국에서

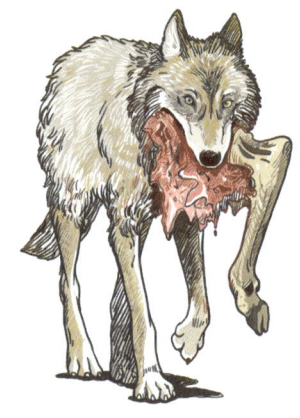

그 개체의 생존과 번식은 불가능했을 것이다.

따라서 현대인들이 앓고 있는 '우울증'은

진화상의 역설처럼 보인다.

그래서 대부분의 사람들은 우울증을 근래에 생겨난 현대인의 정신 질환이라 여긴다.

그런데 우울증에 대한 이러한 판단은
두 명의 과학자로부터 바뀌기 시작한다.

이들이 게재한 논문에 따르면

전 세계 사람들 중 30~50%는 일생에서 한 번 이상 심각한 우울증을 경험한다고 한다.

이는 다른 정신 질환의 발병률을 훨씬 웃도는 매우 높은 수치이며

우울증이 생존과 번식에 방해되는 정신 질환이라면,

또한 우울증은

작은 공동체를 이루고 살아가는 파라과이의 아체족이나

과거와 비슷한 환경에서 살고 있는 남아프리카의 쿵족에서도

나타나는 증상이기 때문에

현대사회 속 질환으로만 치부하기에는 무리가 있죠.

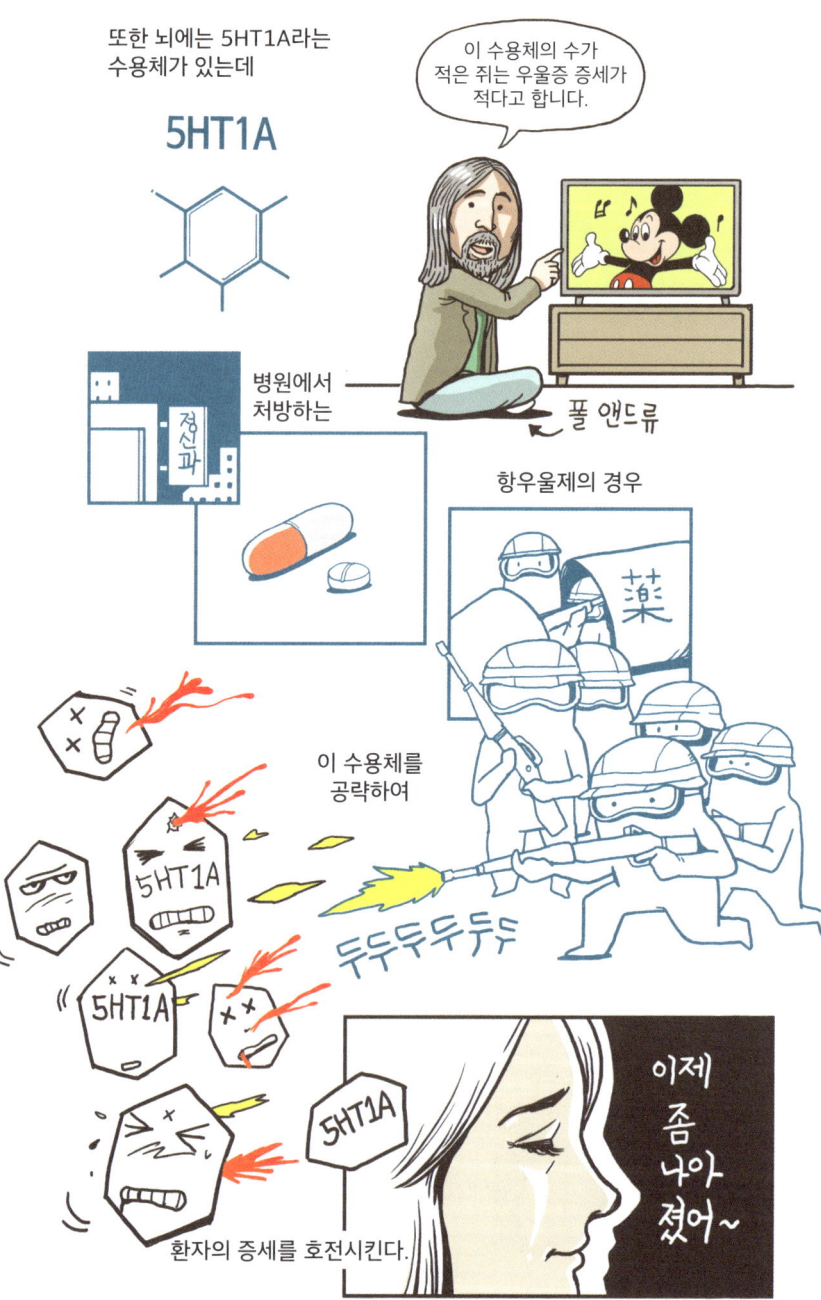

심지어 복잡한 수학 문제를 풀 때는

우울함을 더 많이 느끼는

사람일수록

점수가 더 높았다고 한다.

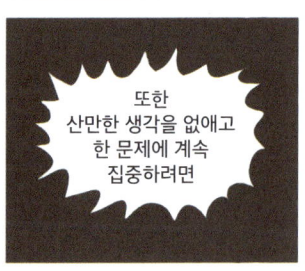

또한 산만한 생각을 없애고 한 문제에 계속 집중하려면

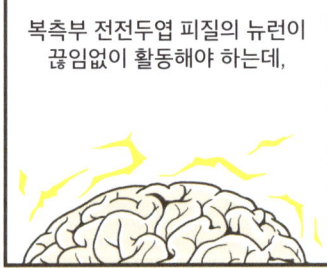

복측부 전전두엽 피질의 뉴런이 끊임없이 활동해야 하는데,

이 활동을 5HT1A 수용체가 도와 주기도 한다.

"이러한 증거들이 뒷받침되어 우울증에 대한 재평가가 이루어지고 있지요."

"우울증 겪어봤어?"

"남의 일이라고"

정신과 의원

"우울함은 쉽게 다뤄지는 감정이며 의사의 도움은 받지 않아도 된다고 말하려는 것이 아니에요."

단지 복잡한 문제를 풀려고 노력하는 신체의 자연적인 반응임을 인지하고 더불어 우울증을 바라보는 우리 사회의 시선도 바뀌었으면 하는 바람이다.

애완견
: 개들이 인간과 친해질 수 있었던 이유

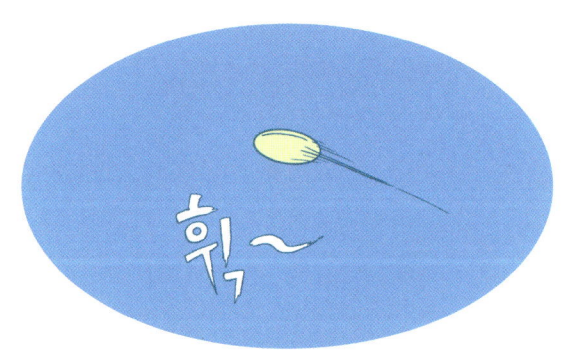

인간과 가장 친하다고
할 수 있는 동물은

뭐니뭐니
해도

강아지이다.

집에서 강아지를 키우는 사람이라면
강아지가 없는 세상을 상상하기 힘들 텐데

어떻게

무슨 이유에서
처음 개를 키우게
되었는지는

아무도 모른다.

확실한 것은 개들이 언젠가부터 사람과 친구가 되기로 했다는 것이다.

개들의 몇 가지 독특한 특성을 살펴보면

우리와 그들의 관계가 더욱 특별함을 알 수 있다.

첫 번째 특성은 늘어진 귀이다.

대부분의 애완견은

이건 내 트레이드 마크라고

헐렁하고 처진 귀를 가지고 있는데

이것은 동물의 세계에서 굉장히 기이한 특성이다.

쟤 뭐냐?

귀가

이상해

?

이해하지 못하는 개들의 특성이었는데,

내 귀가 '기형'이라니...

최근 발표한 연구에 따르면

〈연구보고서〉
'개들의 늘어진 귀는 인간이 만든 것'

이라고 한다.

개는 뱃속에 있을 때

줄기세포로 이루어진 신경관을 통해

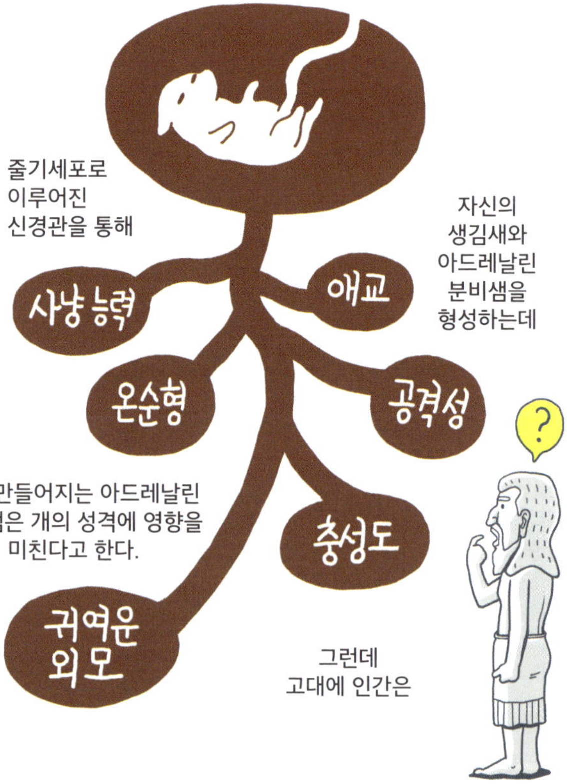

자신의 생김새와 아드레날린 분비샘을 형성하는데

사냥 능력
애교
온순형
공격성
충성도
귀여운 외모

이때 만들어지는 아드레날린 분비샘은 개의 성격에 영향을 미친다고 한다.

그런데 고대에 인간은

온순한 성격의 개들을 선호했는데

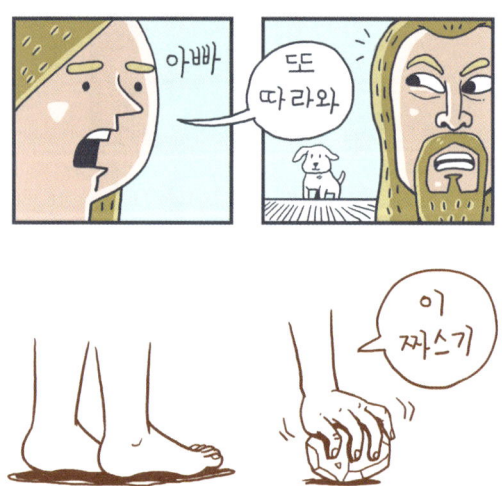

그 개들은 아드레날린 분비샘이 작은 독특한 개들이었다.

결국 인간은 아드레날린 분비샘이 작은 온순한 개들만 기르기 시작했고

그렇게 변형된 신경관이

개의 안면 형성 과정에서 축 처진 귀를 만든 것이다.

강아지들은 먹이사슬 꼭대기를 차지한 인간과 친해지는 길을 선택했고

어떡해?

큰일이야

인간과 함께 지구상에서 가장 성공적으로 생존한 동물이 되었다.

반면에 늑대 조상으로부터 사냥 실력을 물려받아 꿋꿋이 야생의 길을 선택한

현대의 늑대들은

다른 여러 야생 동물들과 함께 급속도로 개체 수가 줄어
현재 지구상에는 20만 마리밖에 남아 있지 않다고 한다.

지구상의 애완견 수는 늑대보다 2천 배나 많은 4억 마리에 달하니,

개체 수로만 놓고 보면 강아지의 유전자가
늑대의 유전자보다 더 성공적이었다고 할 수 있다.

두 번째 독특한 특성은 강아지의 탄수화물 소화 능력이다.

2013년, 늑대와 개를 대상으로

둘 사이의 유전적 차이를 조사한 연구가 있었는데

애완견한테서만 탄수화물을 잘 소화하도록 돕는 유전적 변형을 발견했다고 한다.

세 번째로 설명할 애완견의 특성은 뼈다귀를 향한 그들의 열정이다.

개와 늑대의 공통 조상인 고대 늑대들은 현대의 늑대들과 마찬가지로 강력한 포식자였다.

이들은 여럿이 무리 지어 다니며 협력해서 사냥을 했고

사냥에 성공하고 나면 인정사정없이 달려들어 자신의 몫을 챙기기 위해

뼈를 통째로 물어갔는데

우리 귀여운 개들에게도 아직 이런 늑대의 야생 본능이 남아 있다.

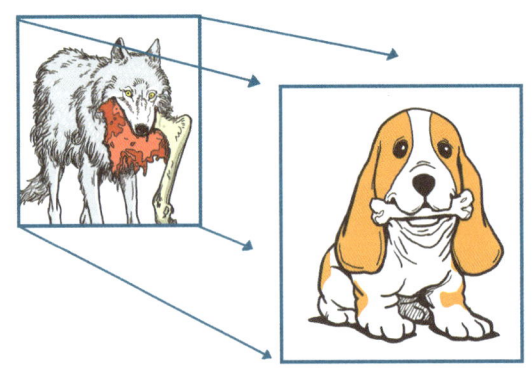

하지만 안타깝게도 온순해진 성격과 함께 턱의 크기 또한 작아졌고

큰 턱으로 순식간에 먹이를 해치우는 늑대와 달리,
개들은 종일 뼈를 질겅질겅 씹고만 있다.

뼈다귀만 물면
몇 시간이든
신나서 종일 질겅대는
강아지를 보고 있으면

그렇게 좋냐?

야생의 본능과 조그마한 턱의 조합이
그렇게 비극이었던 것 같지는 않다.

니들이 뼈다귀 맛을 알아?

사랑
: 과학자들이 사랑을 설명하는 법

작가는 사랑을 적어 나가고

화가는 사랑을 그린다.

이렇듯 세상은

온통 사랑 이야기로 가득 차 있다.

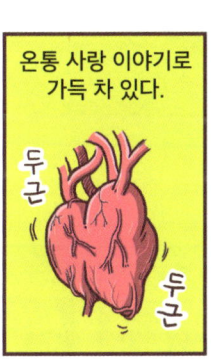

그렇다면 과학자들은 사랑을 어떻게 설명하고 있을까?

사랑에 빠진 사람의 뇌에선

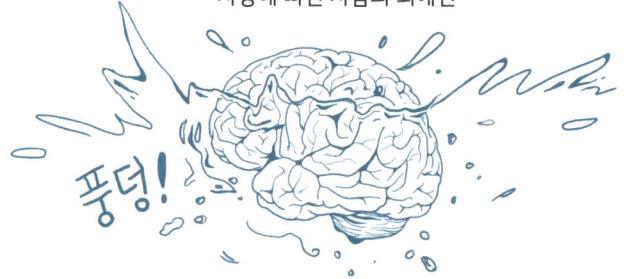

격렬한 에너지와 쾌락을
느끼게 해주는 호르몬이 분비된다.

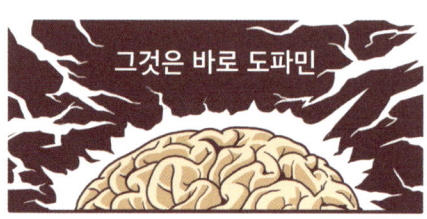

맛있는 음식을 먹었을 때나

좋아하는 것을 발견했을 때

원하던 목표를 성취했을 때

뇌에서 분비되며

이 강력한 쾌락 호르몬을 맛본 뇌는

자연스럽게 그 기분 좋은 느낌을 계속 느끼고 싶어 하며

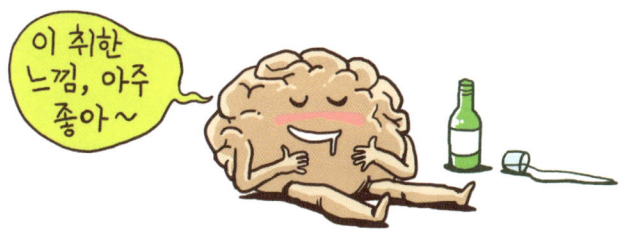

그렇게 우리는
쾌락 중추에 중독된다.

ZZZ 깨기 싫어

사랑에 빠지는 것이다.

그럼 난 그동안 뭘 한 거지? →심장

도파민은 아주 강력한 각성제로

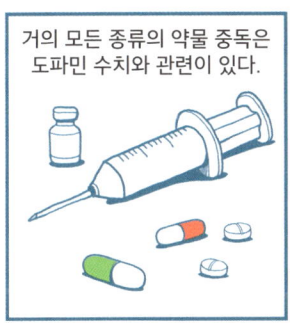

거의 모든 종류의 약물 중독은 도파민 수치와 관련이 있다.

실제로

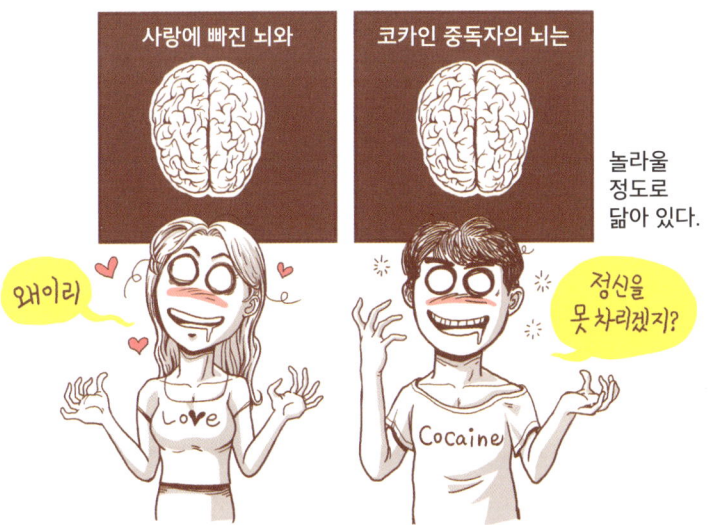

사랑에 빠진 뇌와 코카인 중독자의 뇌는 놀라울 정도로 닮아 있다.

왜이리

정신을 못 차리겠지?

서로에 대한 감정이 생기기 시작하고

포옹과 키스 등의 접촉이 많아지면

친밀감과 결속력을 강화시켜주는 호르몬인

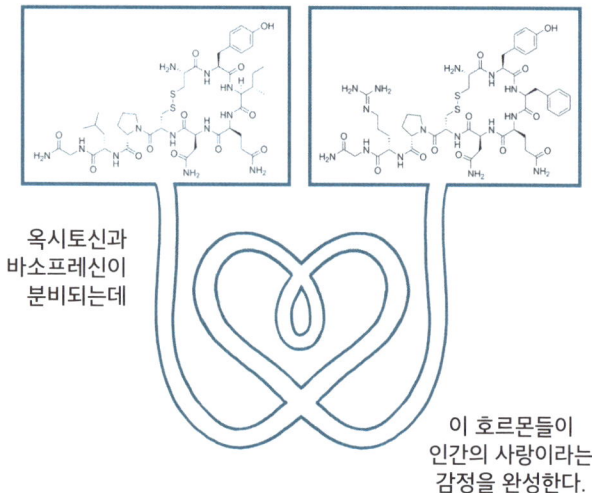

옥시토신과 바소프레신이 분비되는데

이 호르몬들이 인간의 사랑이라는 감정을 완성한다.

동물의 왕국에서 한 파트너에게 충실한 포유류 동물은
3% 정도밖에 되지 않는데

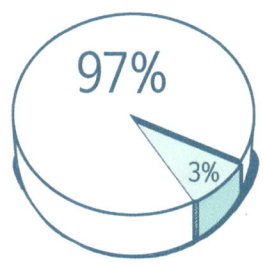

옥시토신과 바소프레신이
이런 일부일처제 관습과 연관이 있다.

이 두 호르몬이 가져오는 차이를

초원 들쥐와 산 들쥐를 대상으로 한 연구가 잘 보여준다.

이 두 종의 쥐는 유전적으로 99% 같지만

옥시토신과 바소프레신의 작용에서 차이를 보인다.

초원 들쥐에게는 이 두 호르몬이 정상적으로 작용하는 반면

난봉꾼인 산 들쥐는 이 두 호르몬을 받아들이는 수용체가 없어

그렇다면 왜 인간은 사랑이라는 감정을 느끼는 것일까?

단순히 많은 후손을 남기려면 산 들쥐처럼
난봉꾼이 되는 편이 더 효율적이지 않을까?

왜 사랑이라는 감정으로
한 사람과 오랜 시간을 보내는 것일까?

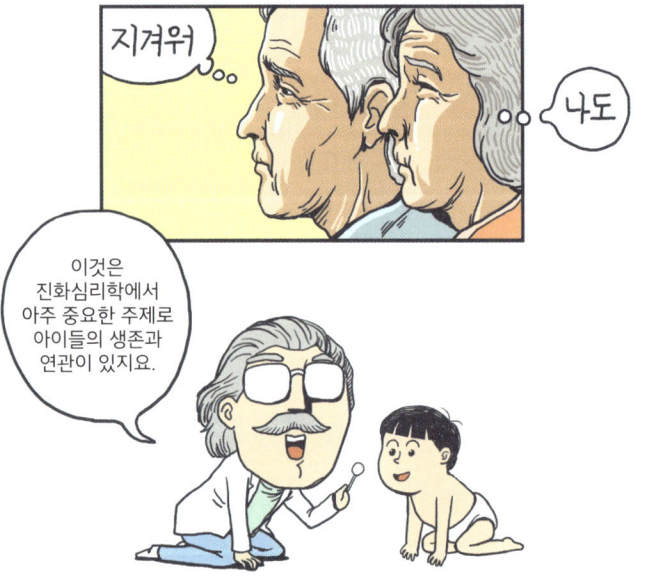

만일 인간이 사랑이라는 감정 없이

욕정과 쾌락만을 위해
상대를 만났다면

낳은 아이를 혼자서는
기르기 힘들어

아이의 생존을 보장하기
어려웠을 것이다.

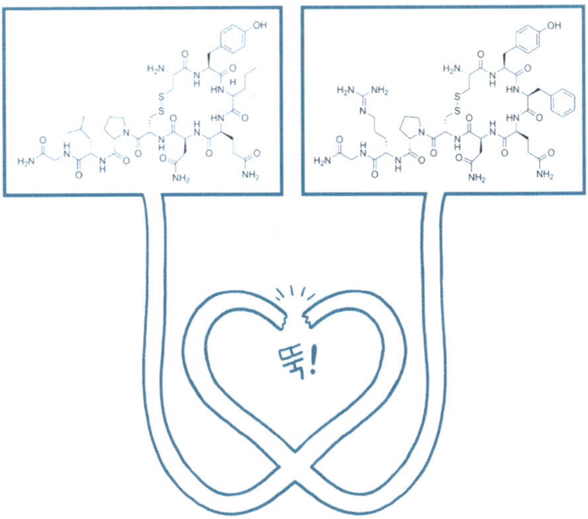

부부 관계는 결혼 후
7년 정도부터

이혼하는 부부 수가 늘어난다는
'**7년째의 권태기**'를 맞이하는데

아동기로 접어드는 때이다.

아동기로 접어들어 아이들이 뛰어다닐 때쯤 되면

다른 파트너와 새로운 관계를 갖는 것이

그렇다면 사랑에도 유효기간이
있다는 말이 사실일까?

데자뷔
: 이게 꿈인지 생시인지

심리학자 엔델 털빙 →

기억이란 우리 정신이 시간 여행을 하는 것과 같지요.

기억 속에 있는 경험과 추억을 떠올릴 때

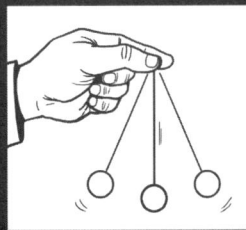

우리는 마치 그 공간에 있는 것처럼

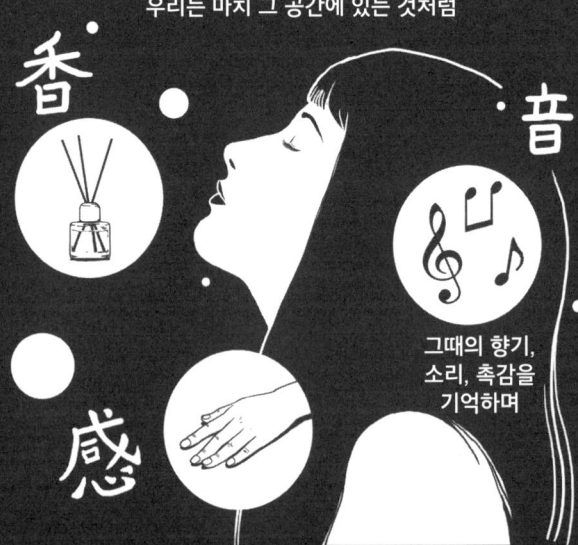

香 音 感

그때의 향기, 소리, 촉감을 기억하며

과거로 시간 여행을 하기 때문이다.

그런데 한 번도 가보지 않은 과거로

우리의 정신이 시간 여행을 한다면 어떨까?

데자뷔 [프랑스어]déjà vu

'이미 본' 이라는 뜻의 프랑스어 데자뷔는

처음 하는 경험임에도 불구하고

과거에 이미 해본 듯한

이를 설명하기 위해 많은 이들이

전생 이론,
다중 우주론,
이원 세계론 등으로
설명했다.

고대 그리스의 철학자 플라톤은

그렇다면 현대 학자들은 데자뷔를 어떻게 이해하고 있을까?

1 첫 번째

대신 경험을 단축하여 저장해 두었다가

시각, 후각, 미각으로 새로운 경험을 할 때

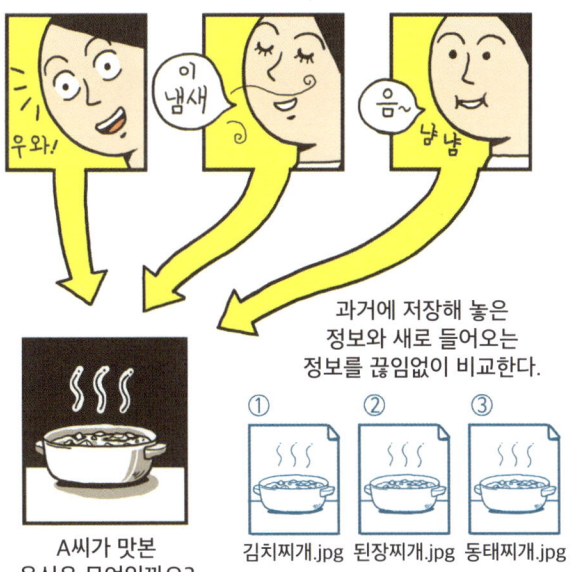

과거에 저장해 놓은 정보와 새로 들어오는 정보를 끊임없이 비교한다.

A씨가 맛본 음식은 무엇일까요?

① 김치찌개.jpg ② 된장찌개.jpg ③ 동태찌개.jpg

이때 뇌에서 기억을 담당하는 해마는
과거에 했던 비슷한 경험을 떠올린다.

그 과정에서 새로 들어오는 정보가 이미
저장된 정보와 비슷한 듯하지만

과거의 특정 경험이 떠오르지 않을 때

우리는 데자뷔를 경험하게 된다는 것이다.

2

또 다른 가설은 신경계의 오작동이다.

신경계가 정상적으로 작동할 때는 오감으로 받아들인 정보가 모두 하나의 경험으로 인식되는데

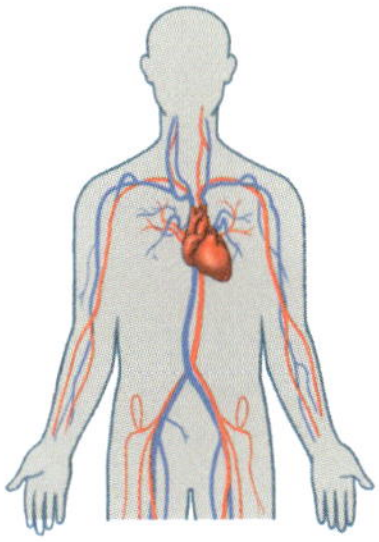

이 중 한두 가지 감각이 늦게 도착해 인식되면 데자뷔를 느낄 수 있다는 것이다.

예를 들어

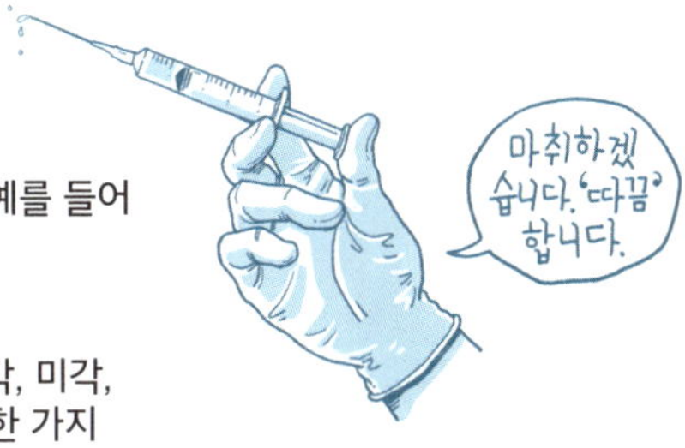

시각, 후각, 미각, 청각이 한 가지 경험을 만들어 저장하는 동안

촉각 정보가 뒤늦게 도착하면

일주일 후

늦게 들어온 자극을 느낄 때 데자뷔를 느낀다는 것이다.

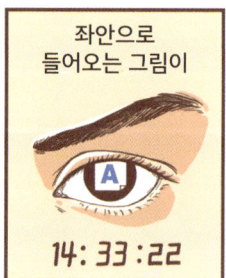
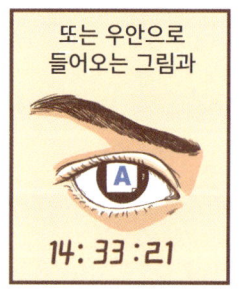

시간차를 두고 인식될 때도

데자뷔를 느낄 수 있다.

사실은 현재 상황을 시간차로
두 번 경험하고 있는 것인데도 말이다.

3

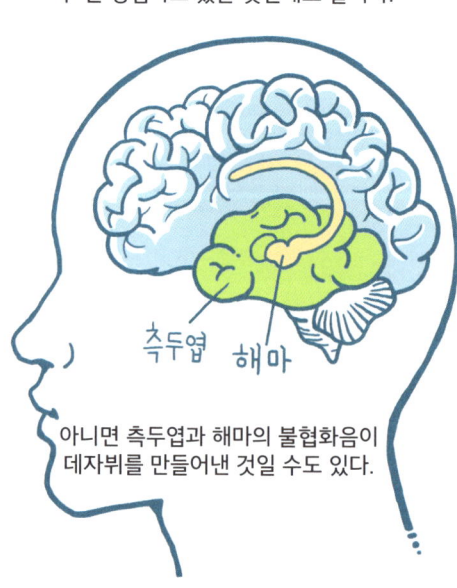

아니면 측두엽과 해마의 불협화음이
데자뷔를 만들어낸 것일 수도 있다.

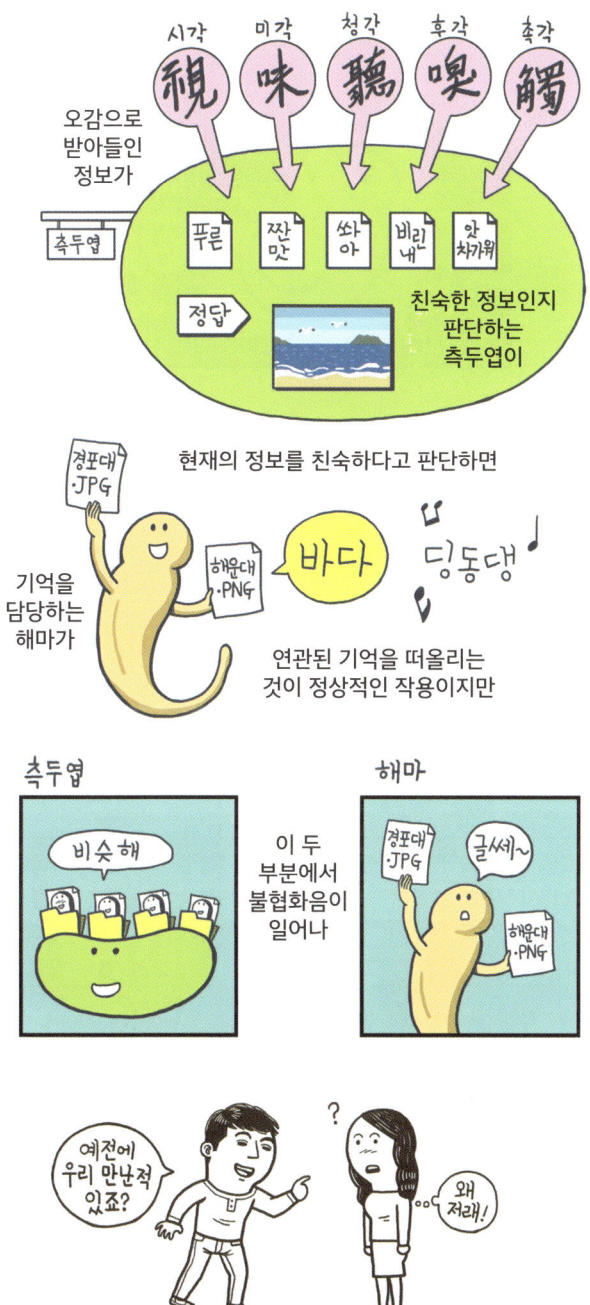

한편 뇌 수술 도중 해마에 전기 자극을 가해
인위적으로 데자뷔 현상을 발생시켰다는 사례도 있다.

또한 데자뷔를 병적으로 앓는 사람들도 있는데

보통 우리가 경험하는 데자뷔는 지속 시간이 30초를 넘어가지 않는 반면

병적으로 앓는 사람의 데자뷔는 지속 시간이 아주 길다고 한다.

한 가지 웃픈 사실은 이 환자들 중엔 데자뷔를
연속적으로 경험하고도 병원을 찾지 않는 환자들이 있는데

그들이 병원을 찾지 않는 이유가
이미 병원에 찾아갔던 느낌이
들어서라고 했다.

4

마지막으로는 정말 단순하게

실험 참가자들에게 여러 장소의 사진을 보여주고

결과를 보니 그들이 고른 사진 대부분이

실험 시작 전 피실험자들이
의식하지 못할 정도로

빠르게 모니터에 비춰준 사진들이었다고 한다.

그밖에도 데자뷔를 설명하는 가설은 수십 가지가 있는데

과학에서 한 가지 현상을 설명하기 위해
이렇게 많은 가설이 존재한다는 사실은

아직 잘 모른다는 말이다.

싸움
: 지구상에서 가장 폭력적인 동물

도구의 사용과 함께

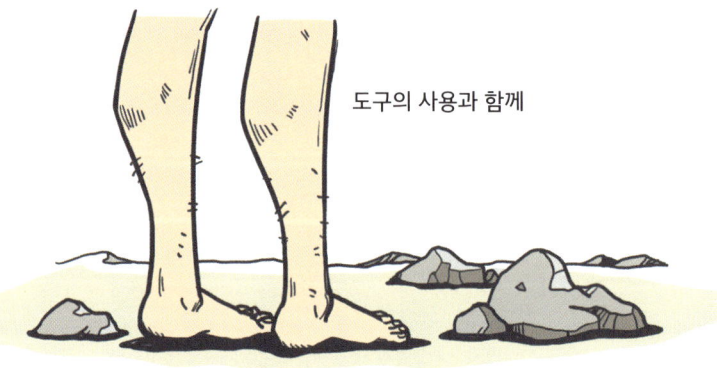

인간의 손은 점점 더

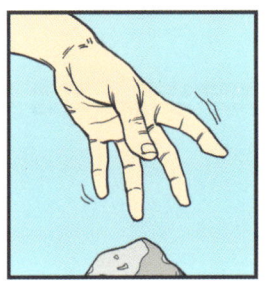

섬세해졌다.

열 손가락은 각각

자유로이 움직이게 되었고

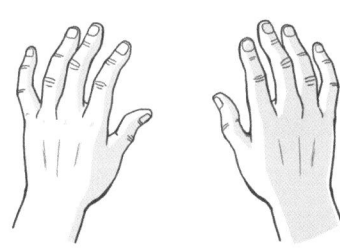

손의 발달은 곧

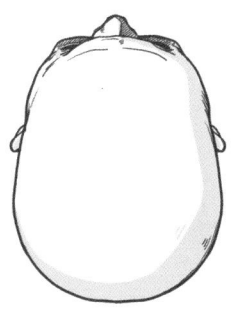

지능의 발달로 이어졌다.

손은 인간이 다른 동물과 차별화가 되는

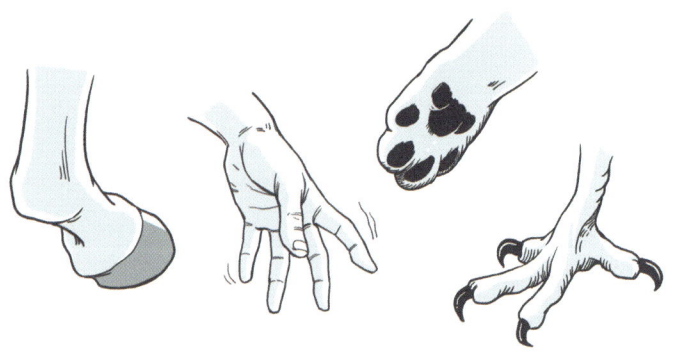

중요한 특징이라고 생각했다.

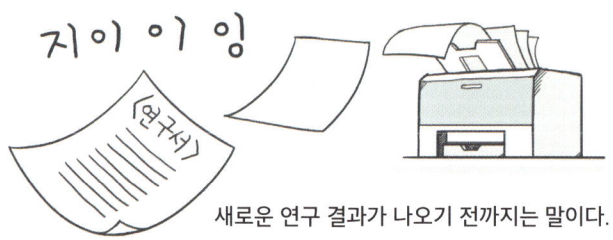

새로운 연구 결과가 나오기 전까지는 말이다.

최근 발표되는
학술지들은

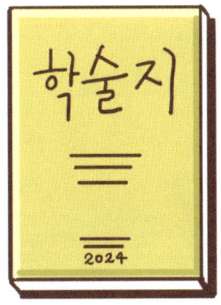

인간의 폭력성에
초점을 두고 있다.

〈실험생물학 저널〉에서 발표한 연구 자료에 따르면

인간이 지구상에서 '가장 폭력적인 동물'이라고 한다.

고릴라, 오랑우탄, 침팬지 같은 유인원들도

굉장히 폭력적인 성질로 악명이 높은데

그중에서도 인간이 최고 깡패라는 것이다.

이렇게 호전적인 성질의 인간이

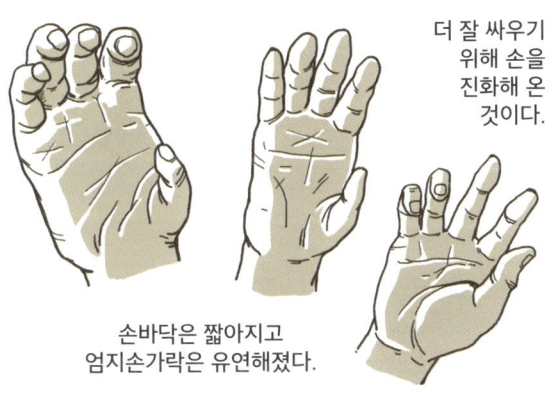

더 잘 싸우기 위해 손을 진화해 온 것이다.

손바닥은 짧아지고 엄지손가락은 유연해졌다.

즉, 인간의 손은 동그랗게 단단한 주먹을 쥐기에 딱이었다.

다른 영장류들도 싸울 때 손을 사용하지만

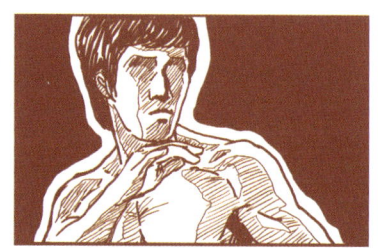

오직
인간만이

싸울 때 주먹을 쥔다.

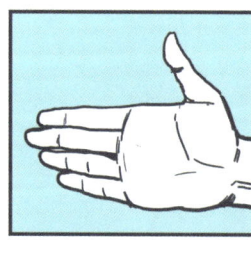
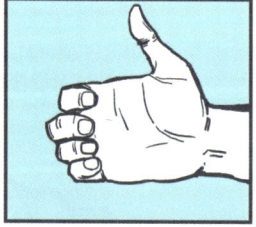
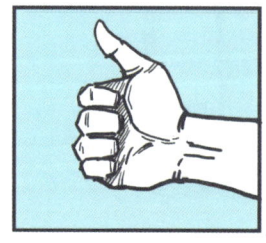

연구에 따르면 주먹을 쥔 손은

손바닥 뼈도 보호 했으며

손가락 마디의 단단함을 4배로 높였고

굽어진 엄지는 펀치에 강도를 더했다.

이렇게 주먹으로 타격하면 손바닥으로 했을 때보다

1.7배에서 3배 더 강력하게 타격할 수 있었다.

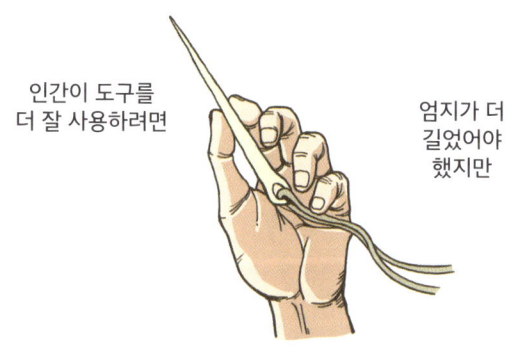

인간이 도구를 더 잘 사용하려면

엄지가 더 길었어야 했지만

집단 생활에서

배우자와

음식을 쟁취하려면

싸움이 필수였기 때문에

주먹을 쥘 수 있도록 진화한 것이다.

그뿐인가?

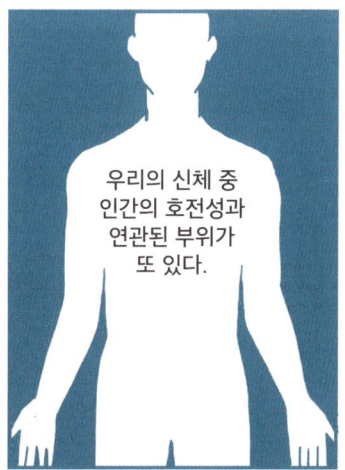

바로 얼굴이다.

얼마 전까지는 우리의 조상 오스트랄로피테쿠스들이

견과류나 딱딱한 음식을 잘 씹기 위해

얼굴 뼈대가 형성되었다는 이론이 지배적이었다.

그런데 얼마 전 미국 유타 대학에서 새로운 답을 제시했는데

인간의 얼굴이 각지고 단단한 뼈를 갖게 된 것은
우리의 조상 오스트랄로피테쿠스들의 폭력적인 생활 때문이다.

지금과 달리 예전에는 그야말로 피 터지게
싸워야 음식과 배우자를 쟁취할 수 있었다.

라고 말하며 대부분의 싸움은
남자들 사이에서 일어났기에

~라고
주장했다.

격투기 경기나
우연히 싸움을 목격할 때

대부분 공격이 얼굴로 향함을 알 수 있다.

연약한 얼굴이 주된 타깃이 돼서

싸움만 하면 얼굴을 맞는데

단단하게 진화하지 않았더라면 엄청난 손해였을 것이다.

그동안 얼굴 보고 만났는데 이제 우린 끝이야!

맞은 것도 억울한데...

따라서 인간은 다른 영장류와 비교해

유타 대학의 연구가 사실이라면

"딱딱한 음식을 씹기 위해" 얼굴 뼈가 발달했다는 60여 년간의 믿음이 깨지는 것이다.

오스트랄로피테쿠스의 이빨 마모 형태를 살펴보면
딱딱한 음식을 많이 먹은 것처럼 보이지 않고

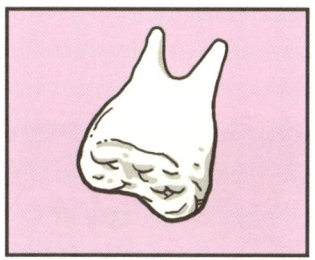

딱딱한 음식 때문이라면

여자와 남자의 얼굴 뼈가
다르게 진화하지 않았을 것이다.

얼굴이 마음을 보여주는 거울은 못 되지만

역사를 보여주는 거울은 되는 듯하다.

겨털
: 겨드랑이에 털이 존재하는 이유

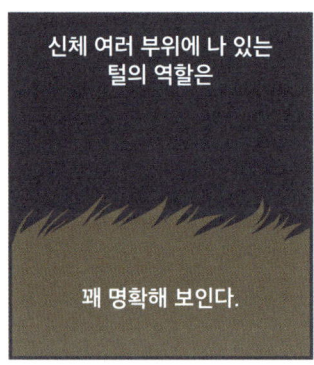

눈썹은 먼지가 눈에
들어가는 것을 막고

코털은 코에
들어가는 먼지를 막고

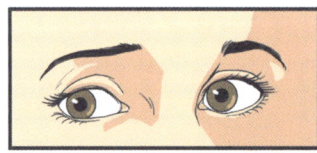

귓속에 난 털은 귀에 들어가는 먼지를 막는다.

그런데

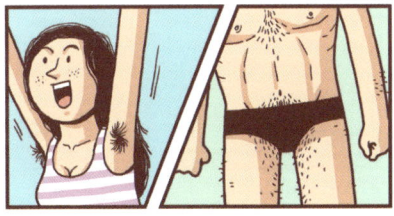

겨드랑이와   생식기 주변에는

왜 털이 날까?

혹시

범죄 현장에

증거를 남기기 위해서?

인류의 먼 조상은 온몸이 털로 뒤덮여 있었지만

오랜 기간

진화를 통해

서서히 몸에 있는
수북한 털을

벗어 던지고

속살을 드러내기 시작했다.

그런데 인류가 수십만 년 동안 진화를 거듭하면서도

결코 포기하지 못한 털이 몇 군데 있었으니

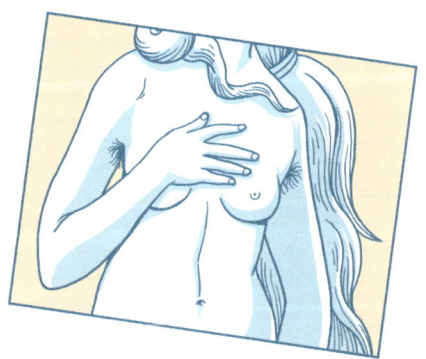

그중 하나가 바로 겨드랑이에 난 털, 겨털이다.

그러면 겨털은 분명

뭔가

역할을 하는 털이기 때문에 남겨둔 것이 아닐까?

지금부터 겨털의 비밀을 파헤치는

세 가지 가설을 살펴보자.

첫 번째 이론

겨드랑이와 생식기 주변의 피부는 연약하기도 하지만

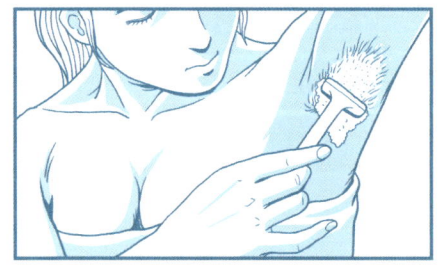

움직일 때

마찰이 가장 많이 생기는 부위이기도 하다.

겨드랑이에 털이 없으면 마찰과 열로 인해

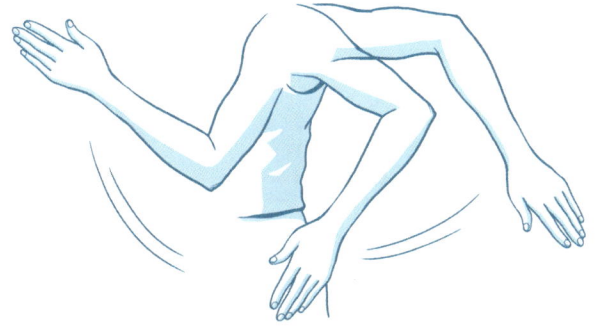

겨드랑이 림프절에 손상이 갈 수도 있고

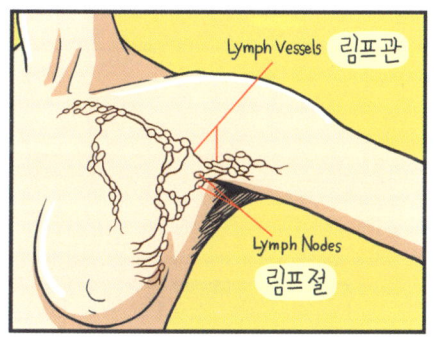

땀이 쉽게 증발하지 못해

땀띠가 나는 등
피부에 상처를 낼 수 있는데

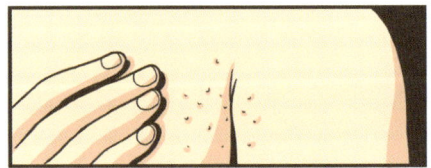

살과 살 사이에서

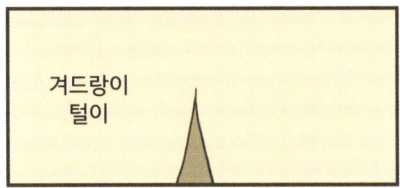

피부끼리 직접 맞닿는 것을 막아

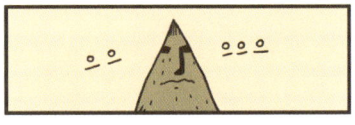

피부 보호 역할을 한다.

두 번째 이론

겨드랑이 털과 생식기 주변 털은 아이들이

2차 성징을 거쳐

성인이 될 때 나타나는 변화로서

생식 활동이 가능하다는 신호로
작용한다는 이론도 있다.

세 번째 이론

겨드랑이 털은 이성을 끄는 화학물질, 페로몬과 연관이 있을 수 있다.

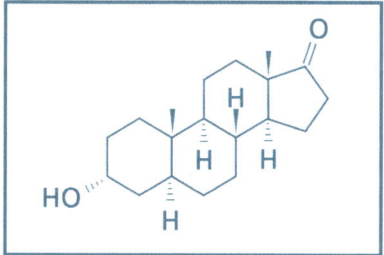

인체에는 두 종류의 땀샘이 있다.

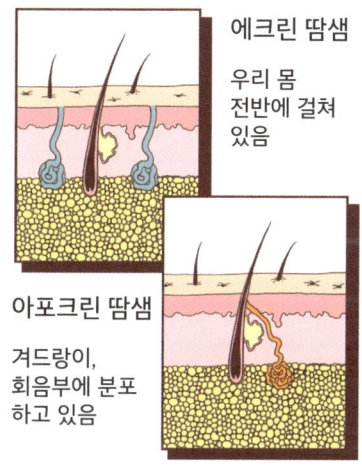

에크린 땀샘

우리 몸 전반에 걸쳐 있음

아포크린 땀샘

겨드랑이, 회음부에 분포하고 있음

이중 겨드랑이 피부에 있는 아포크린 땀샘은

아으~ 땀차

단백질, 지방질,
탄수화물, 암모니아
페로몬이 담긴

짙고 냄새나는
분비물을
배출한다.

이때 겨드랑이 털은 아포크린 땀샘에서 배출되는

페로몬이 공기 속으로 흩어져 날아가 낭비되는 것을 막고

마음에 드는 이성이 있을 때

페로몬이 잘 전달되게 하는

역할을 한다는 것이다.

실제로 여성은 배란기 때와 배란기가 아닐 때

서로 다른 종류의 페로몬을 분비한다고 한다.

꼭 페로몬이 아니더라도 땀은

그 개체의 건강 신호가 되기에

건강한 땀 냄새는 이성을 유혹하는 데 도움이 될 수 있다.

그러니 겨털을 너무 미워하지 마라.

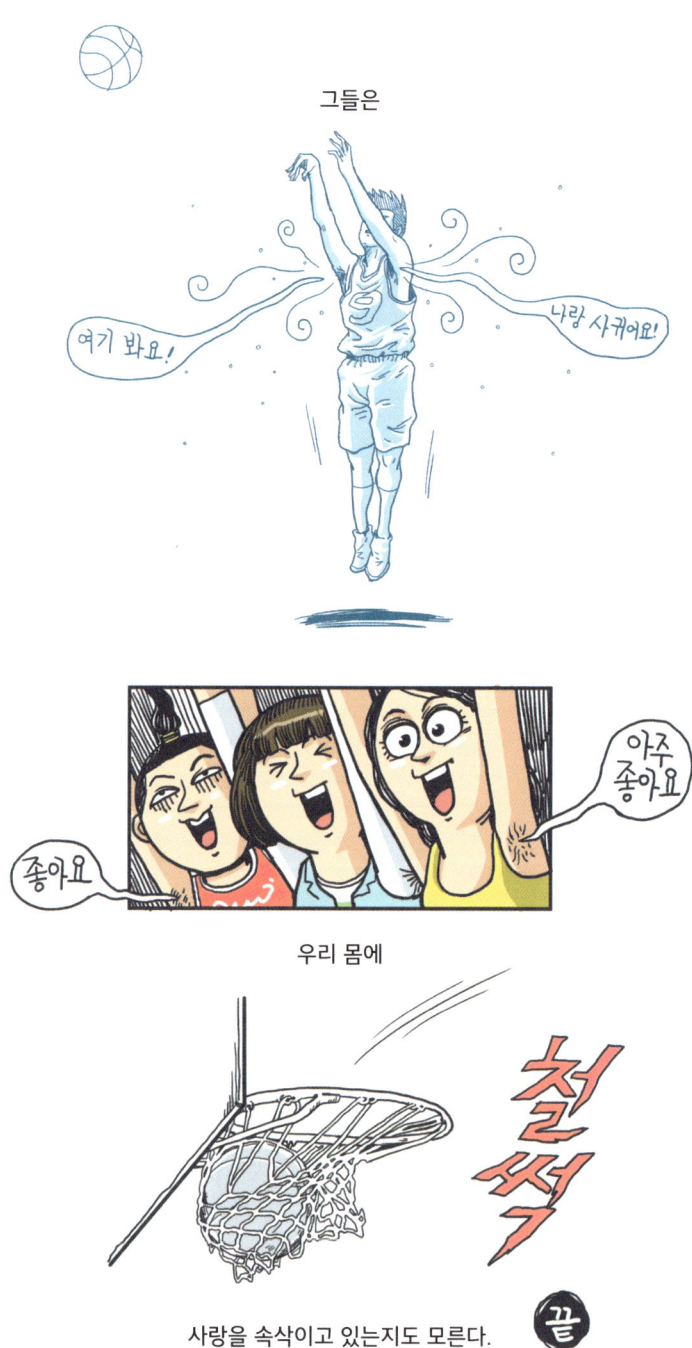

인공지능의 꿈
: 인공지능도 사람처럼 꿈을 꿀까?

지금 이 순간 인공지능은 인간과 얼마나 닮아 있을까?

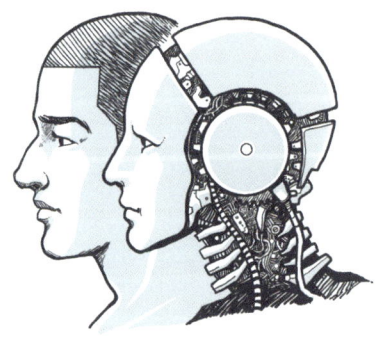

인간의 전유물로만 여겨졌던

글쓰기나

작곡과 같은

창작 활동에 이어 인공지능이 이제 꿈까지 꿀 수 있다면 어떨까?

인간이 꿈을 꾸는 이유를 설명하는 가설은 여러 가지가 있지만

꿈을 만드는 기본 요소는 우리의 기억 정보다.

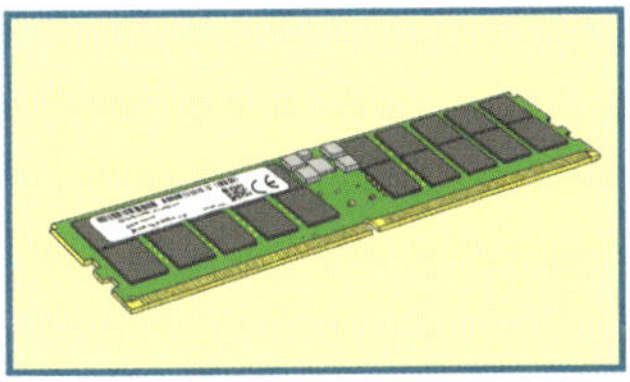

인간의 뇌는 깨어 있는 동안 오감으로 받아들인 수많은 자극 정보를

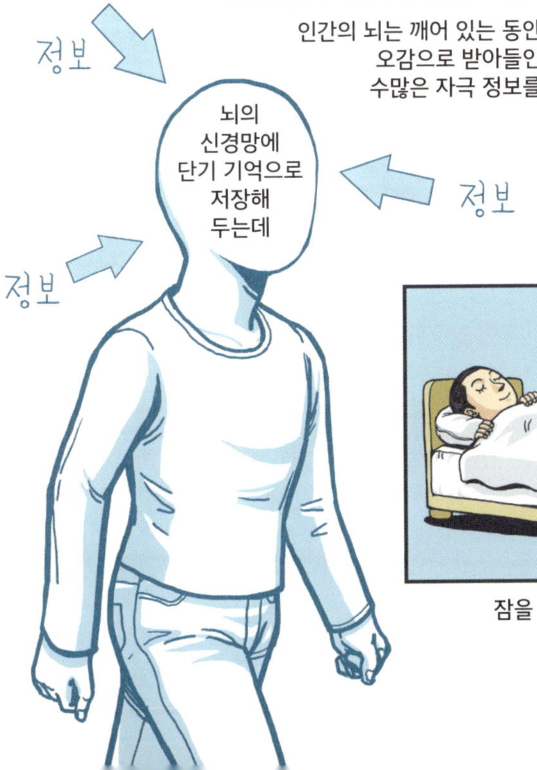

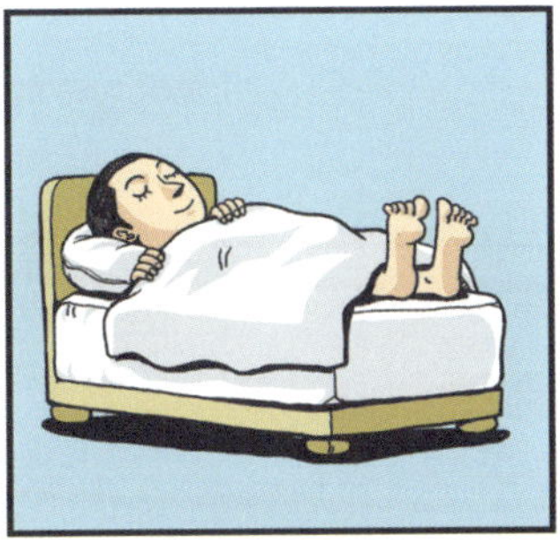

뇌의 신경망에 단기 기억으로 저장해 두는데

잠을 자는 동안

조각조각 저장된 기억들을 재구성해서

상징성을 부여하기도 하고

불필요한 기억 조각은 버리고

필요한 기억 조각은 장기 기억으로 변환하는 등

깨어 있을 때 한 경험들을 정리한다.

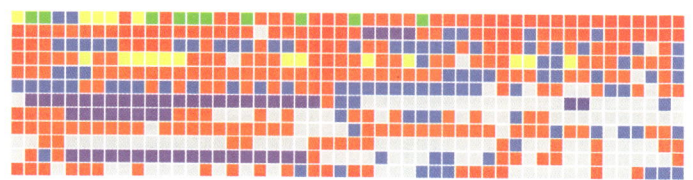

이 과정에서 수많은 기억 정보들이 뒤엉켜 만들어내는 것이

우리가 꾸는 꿈이라고 알려져 있다.

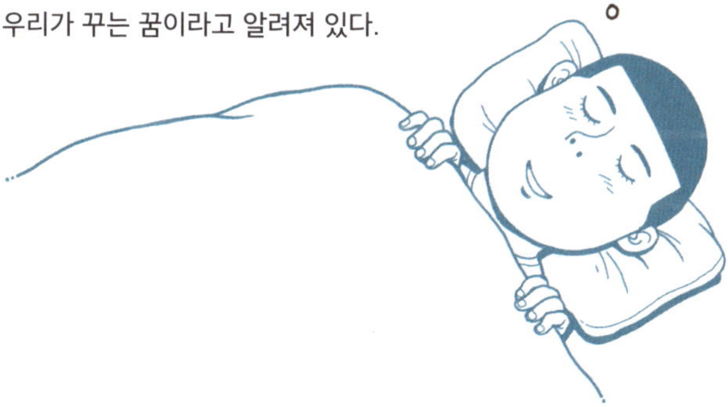

그렇다면 인공지능은 어떻게 꿈을 꿀 수 있을까?

인간을 모방해 만드는 인공지능은 세상을 배우는 방법 역시 인간과 비슷하다.

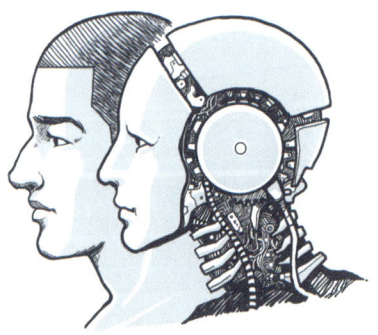

예를 들어 구글의 인공지능이 고양이의 생김새를 배우려면

딥러닝 기술로 수많은 고양이 사진을 보여주어야 한다.

그러면 인공지능 스스로 사진들을 비교하며
공통점과 차이점을 구분해 고양이에 대해 배운다.

충분한 훈련을 받으면

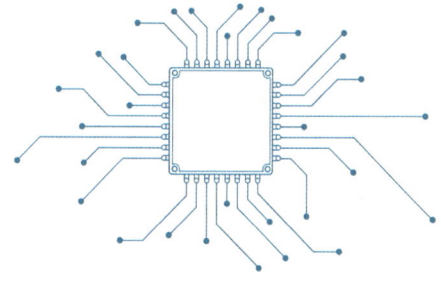

나중에는 처음 보는 사진 속에서도

고양이를 찾을 수 있게 된다.

이런 식으로 의자, 컵, 커피 컵 등 수많은 물체를 알아보게 된다.

그러다 구글 팀은 이 기술을 이용해

인공지능이 이미지도 출력할 수 있음을 발견했다.

양초   램프   헛간

이렇게 글자를 입력하면

인공지능도 생각하는 이미지를 생성할 수 있는 것이다.

이때 구글 엔지니어링 팀은

이런 이미지 인식 기술을 이용해 굉장히 흥미로운 실험을 했다.

명령을 받은 인공지능은

지평선 위의 나무 사진을 보여주자

동물의 모양이 가득한 추상화의 모습으로 변화시켰다.

인공지능은 이 사진을 왜 이렇게 표현했을까?

이 인공지능 프로그램은

동물의 이미지를 구분하도록 집중 훈련받은 인공지능이었다.

동물의 이미지에 굉장히 익숙해져 있던 인공지능은
해당 사진에서도 수많은 동물의 모습을 보았던 것이다.

같은 방식으로 다른 인공지능 프로그램에 사진을 주고
보이는 것을 강화하라고 하자

산등선이 탑으로

나무가 빌딩으로

잎사귀가 새의 모양으로 변화하는 모습을 관찰할 수 있었다.

아무것도 없는 상태에서 인공지능에게

공백 상태에서 인공지능은 딥러닝 기술로 습득한 데이터 중 어떤 것을 무수히 반복하는 방법으로 이미지를 표현했다.

특이점
: 인간보다 더 뛰어난 존재가 온다

옛날에 한 지혜로운 발명가가 있었다.

그는 자신이 발명한 체스 게임을 가지고 왕에게 갔다.

왕은 체스 게임을 보고 크게 감명받았고

그의 재주를 칭찬하며 발명가에게 말했다.

그러자 발명가는

라며 체스 판의 첫 번째 칸에 한 톨

앞 칸의 두 배씩 양을
늘려 달라고 했다.

왕은 너무 적은 양을 요구한다고 해맑게 웃으며
발명가의 청을 들어주겠다고 했는데

체스 판의 총 64칸 중 32칸을 딱 채웠을 때

실수를 깨달은 왕은 이 상황을 어떻게 해결해야 할지 고민했는데

이야기의 결말은 문화마다 다르게 끝난다.

'결국 왕이 발명가에게 전 재산을 빼앗긴다' 혹은

'약속을 어기고 발명가를 죽인다'는 결말도 있다.

이 이야기는 현재 우리가 놓인 상황을 정확히 묘사한다.

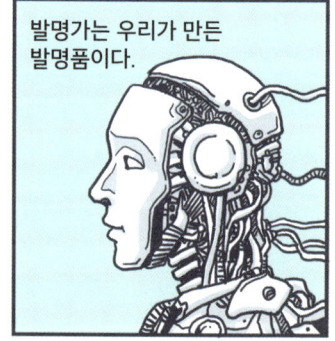

빅뱅의 시작을 1년 전이라고 가정했을 때

1年前
(137억 9,900만년 전)

인류의 탄생은 불과 2분 전이라고 한다.

2分前
(300~500만년 전)

그리고 우리 사회를 근대기로 이끈 산업 혁명은
불과 2초 전에 발생했다.

2秒前
(1,700년대 중반)

이 2초 동안 기술의 혁명은

수많은 발명품이 우리의 삶을 바꾸어 놓았다.

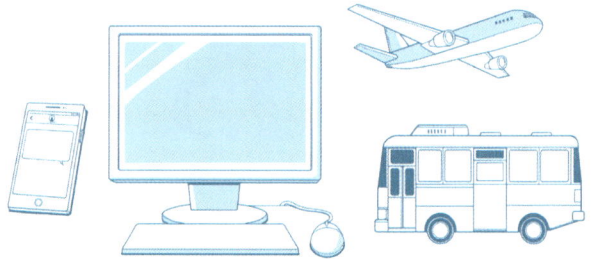

그리고 지금

현재 발전 속도는 그 어느 때보다도 빠르다.

불과 10년 전만 해도 기름 없이 전기로 500km를 달리며

운전자 없이 스스로 운전을 하고

주차까지 하는 자동차를 상상하지 못했다.

기술의 발전은 멈출 줄 모르고
인간이 만든 기계는 점점 더 똑똑해지고 있다.

문제는 이 로봇들 중 하나는 언젠가

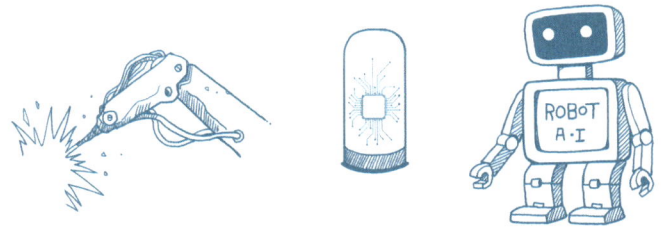

인간의 지능을 넘어서는 날이 올지도 모른다는 것이다.

우리는 그 시점을

싱귤래리티, 혹은 **'특이점'** 이라고 말한다.

이런 비현실적인 날이 온다는 것을 의심하는 과학자는 별로 없다.

다만 우리가 알고 싶은 것은 얼마나 빨리 그 '특이점'이 오느냐 뿐이죠.

이 사실이 신나고 흥미롭게 들릴 수도 있지만

라고 학자들은 말한다.

그리고 많은 학자들이 그 시기를 2045년으로 예견하고 있다.

그들의 끔찍한 예상이 적중한다면

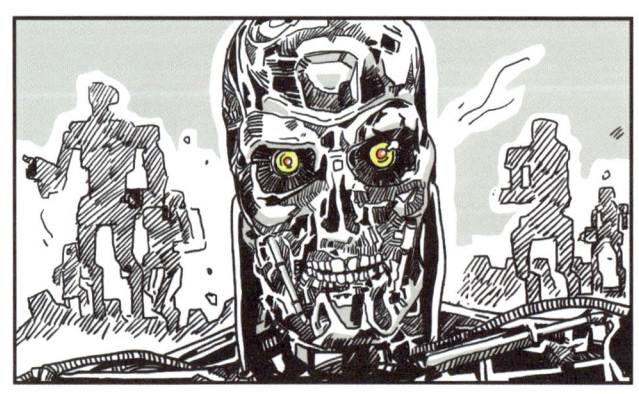

인류의 종말은 30년도 남지 않았다는 소리다.

30년이면 딱 한 세대다.

어쩌면 지금 태어나는 아기들이 마지막 세대가 될지도 모르겠다.

그런데 아직 많은 사람들이 다가올 미래에 대한
심각성을 인지하지 못하는 것 같다.

처음 그 말을 들었을 때 굉장히 허황된 소리라고 생각했다.

하지만 문제는 그리 간단하지 않았다.

우리가 개미를 의도적으로 해치지 않는 것처럼 말이다.

사람들은 개미를 죽이기 위해 일부러 찾아 헤매지 않는다.

마찬가지로 건물을 지을 때도 땅속에 개미집이 있나 살펴보지 않는다.

만약 개미집을 피해 건축 허가를 받고

개미를 밟지 않으려 종일 땅만 쳐다 보며 걷는다면,

이는 인간에게 매우 비효율적일 것이다.

그러니 앞으로 인간보다 똑똑한 로봇이 나타난다면

로봇과의 관계에선 우리가 개미다.

인간보다 똑똑한 로봇의 목표와 우리의 목표가

아주 조금이라도 어긋난다면

우리가 살 수 있는 가능성은 매우 희박하다.

로봇에게 인간은 잘 보이지 않는 개미와 다르지 않기 때문이다.

인간과 로봇의 지능 차이가

개미와 인간의 지능 차이처럼 어마어마한 차이가 날지
의심하는 사람이 있을 텐데

뇌과학자 샘 해리스의 말을 인용해 대답하면 이렇다.

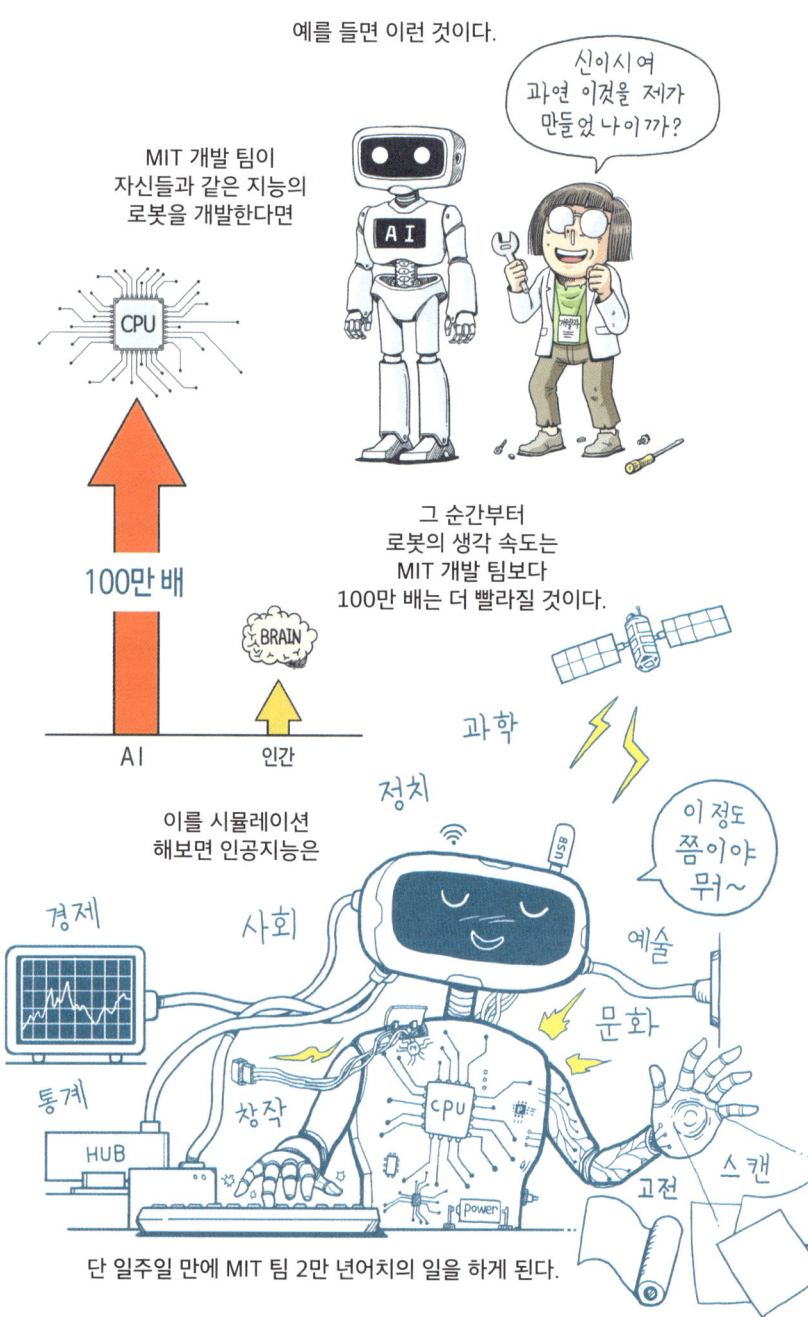

인간과 개미의 지능 차이가 이 정도라면

우리와 인공지능 로봇의 지능 차이는 상상을 초월할 것이다.

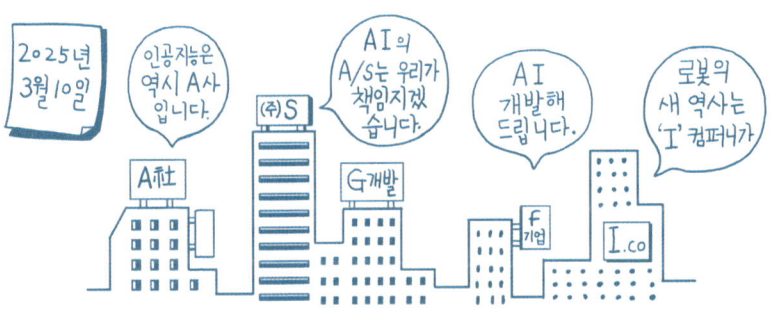

이 말은 즉 인공지능을 개발하는 회사들 중

한 회사가 다른 회사보다 단 일주일만 앞서 개발해도

2만 년을 앞서 간다는 말이 된다!!

일주일을 앞선다는 것이 2만 년을 앞서 가는 것이라면
현재 인공지능 개발에 몰두하는 회사들은

세계 제패를 위해 달려가는 것과 같다.

단, 자신들이 개발한 인공지능이

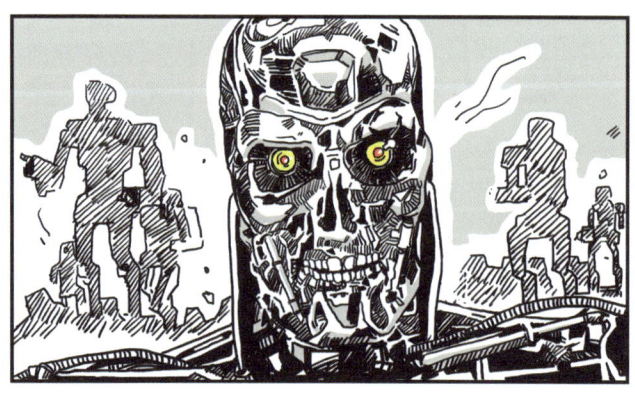

그들을 멸망시키지 않는다는 가정 하에 말이다.

AI를 개발 중인 회사들은 사람들이 인공지능에 불안감을 가지면

자신들의 사업에 방해될까 사람들을 안심시키려 한다.

그들은 이렇게 말한다.

과연 그럴까?

우리가 당연하게 생각하는

민주주의는 탄생한 지 불과 몇 백 년밖에 되지 않았고

얼마 전까지만 해도
여러 나라에
노예제도가 있었다.

그리고 그 전에는 한 명의 왕이 나라를 통치하는 군주제도와

태어날 때 출신에 따라 계급을 나누는 불공평한 신분제도가 있었다.

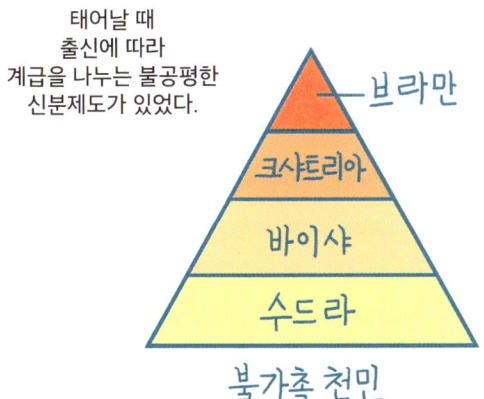

지금은 이해하기 힘든 이런 것들은 당시 아무도 의심하지 않는 진리였다.

인공지능이 인간보다 100만 배 빨리 생각하는 기계라면

인공지능이 만들어 가는 가치가

우리가 만들어 가는 가치와

어긋나지 않을 확률이 과연 얼마나 될까?

100번 양보해서 로봇이 '인간을 해치지 말아야 한다'
라는 생명 존중의 가치를 이해하고

이는 미래에도 절대 변하지 않는 불변의 가치라고 가정해보자.

그러면 모든 문제가 해결될까?

인간의 말을 배우기 시작한 인공지능 로봇 '안드로이드 딕(Android Dick)'

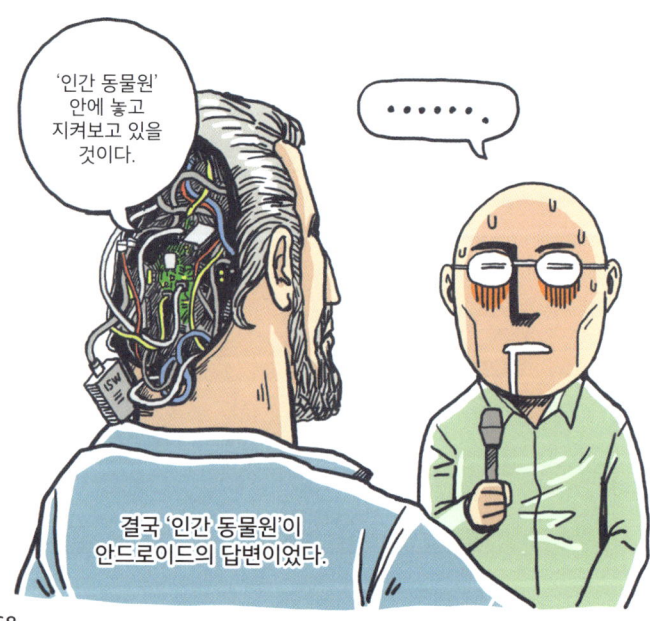

이런 재앙을 막는 일은 인공지능 개발 자체를 하지 않는 것이지만

현재 우리의 체스 판은 절반까지 채워졌다.

우리는 발명가를 죽이고 재산을 지킬 것인가,

아니면 발명가에게 모든 걸 빼앗길 것인가?

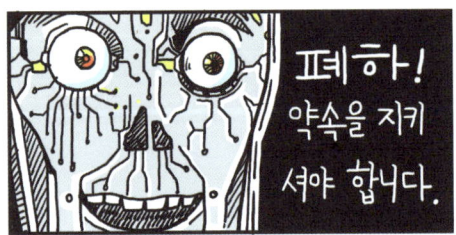

유토피아
: 로봇이 가져오는 환상의 세계

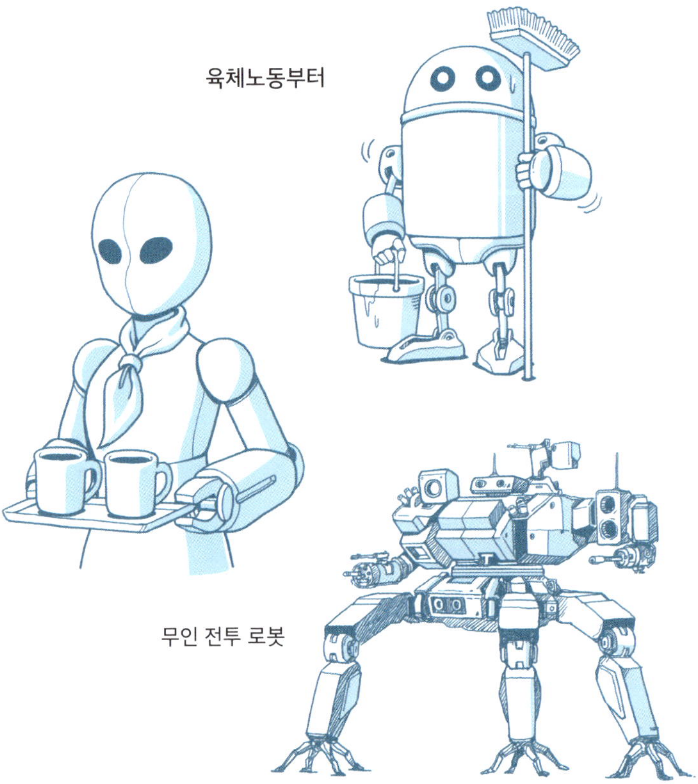

육체노동부터

무인 전투 로봇

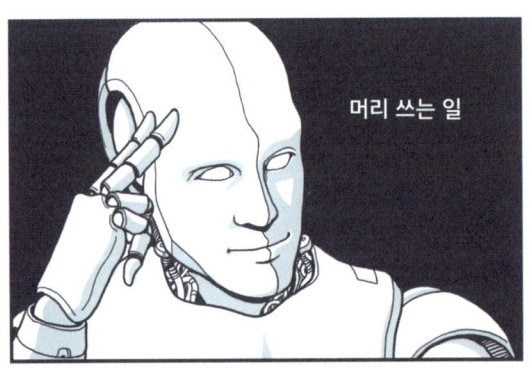

머리 쓰는 일

감정이 필요하다고 여겨졌던 일까지

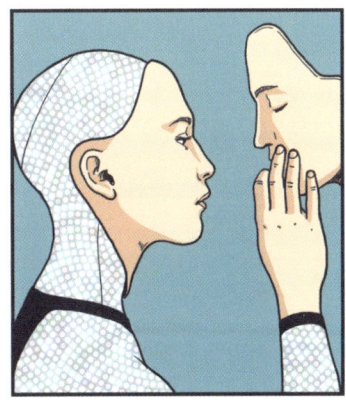

알고리즘으로 무장한 로봇들이 인간을 대체하려 한다.

아마 20년 후에는 직업 절반 가까이 대체될 것이며

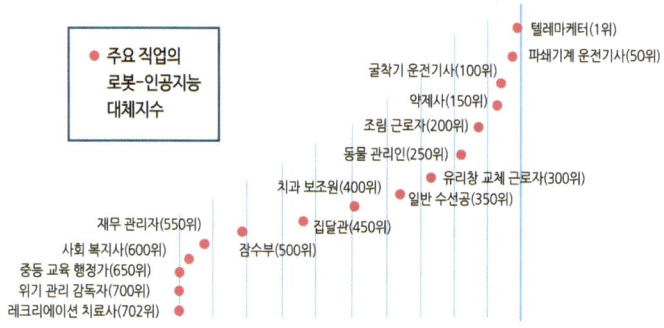

30~40년 후에는 거의 모든 직업이 AI로 대체된다고 하는데

그러면 좋든 싫든 인간은 일을 하지 않게 된다는 말이다.

일하지 않아도 되는 세상, 정말 우리가 꿈꾸던 파라다이스일까?

유발 하라리는 그의 저서 《호모 데우스》에서

※《호모 데우스》, 유발 하라리, 김영사

석기시대부터 현시대까지 인류는 한순간도 쉬지 않고 일해왔다.

당연히 일을 해야만 생존할 수 있었고

하루의 대부분을 일하며 보냈기에 사람들의 삶은 일을 중심으로 움직였다.

그런데 로봇이 인간의 일을 해주고 인간은 일하지 않게 된다면

사람들은 뭘 하며 살까?

아무것도 할 필요 없는 세상에서 사람들은 삶의 의미를 어디서 찾을까?

유발 하라리는 그에 대한 답을

라고 말한다.

증강현실이란

실제의 사물이나 환경에
가상의 사물이나 환경을 덧입혀서
존재하는 것처럼 보여주는 컴퓨터 그래픽 기술.
또는 그러한 기술로 조성된 현실.

'포켓몬 GO' 게임과 같이 실제 환경과 가상의 사물을 합쳐

완전 실제도 아니고 완전 가상도 아닌 것을 말한다.

아무것도 안 해도
되는 현실보다

고통과 어려움이 존재하는 증강현실에서
사람들은 삶의 의미를 찾게 될 것이다.

우리가 미래에 가상의 게임이나 하고 살 것이라는 게 와닿지 않는가?

믿기지 않겠지만 인류는
지금까지 계속 증강현실 게임 속에서 살아왔다.

그 게임의 이름은 바로 '종교'다.

전 세계 수십억 명이 해온

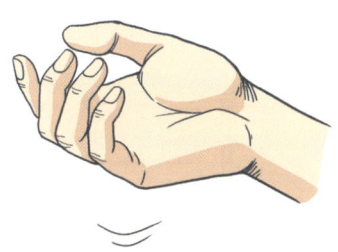

이 거대 게임에는 여러 가지 규칙이 있다.

돼지고기 먹지 않기, 소고기 먹지 않기, 일요일에 기도하러 가기,
결혼 전에 성관계하지 않기, 히잡 쓰기, 계급 나누기,
우상 숭배하지 않기 등

수많은 규칙이 존재한다.

사람들은 이 규칙들을 하나하나 지켜가며 포인트를 쌓고
게임의 최종 목표인 천국을 향해 인생을 플레이한다.

주위에 '포켓몬 GO' 게임에 빠진 친구들을 보았을 것이다.

나의 맨눈으로는 거리에 나무와 아스팔트 바닥밖에 안 보이지만

스마트폰을 든 그들의 눈에는 귀여운 포켓몬들이 보인다.

나의 맨눈으로는 예루살렘 성전이 벽돌 건물로밖에 안 보이지만

성경을 아는 사람들의 눈에는 신성한 천사들이 보인다.

삶의 의미는 자연에 존재하는 것이 아니다.
우리 머릿속에 가상으로만 존재한다.

이스라엘의 초정통파 유대인들은 실제로 평생 일을 하지 않는다고 한다.

일을 하지 않아도 되는 그들이 종일 뭘 하는지 아는가?

자녀가 있다면 직접 실험해볼 수 있을 것이다.
그들에게 이제부터 공부하지 않아도 된다고 말하고
좋아하는 과자, 치킨, 피자를 방에 갖다 줘보자.

분명 컴퓨터에서 눈을 떼지 못한 채,
몇날 며칠 방 안에서 게임만 할 것이다.

그래도 와닿지 않는가?

여전히 현실이 중요하다고 생각하는가?

그렇다면 그대가 생각하는 현실이란 무엇인가?

처음부터 우리에게 현실이란 없었다.

사람들은 지금까지 늘 그래왔듯이

앞으로도 가상의 규칙을 지키며 가상의 목표를 위해 살아갈 것이다.

"우리는 무엇을 원하기를 원하는가?"

―유발 하라리―

왜 사니
: 무엇이 진짜일까?

제2차 세계대전

히틀러가 이끄는 나치의 군대가

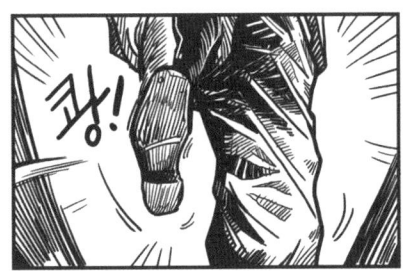

집에 들이닥쳤다.

나와 나의 부인은 아무런 힘도 쓰지 못하고

그들에게 끌려갔다.

우리를 포함한 수천 명의 유대인은 영문도 모른 채

기차에 몸을
실었고

어디론가 떠났다.

알 수 없는 곳에 도착해 줄을 서서 내리자

독일군 한 명이

손가락 하나를 들어

왼쪽, 오른쪽 손짓을 했고

그 방향대로 우리는 한 명씩 왼쪽, 오른쪽으로 갈라져

어떠한 방으로 들어갔다.

거의 90%의 사람들이 왼쪽 방으로 들어갔는데
대부분 여성과 아이, 노인이었다. 그것을 보고 우리는 속삭였다.

나의 부인도
왼쪽으로 가게 됐고
나는 오른쪽으로
가게 되었다.

이는 홀로코스트에서 살아남아
책을 쓴 정신과 의사 빅터 프랭클의 이야기이다.

※《빅터 프랭클》, 빅터 프랭클, 특별한서재

나는 어렸을 때 미국으로 유학을 갔다.

유학 생활 중 정말 안 좋은 일을 겪고
마음이 엄청나게 슬펐던 적이 있었다.

나는 이 불안하고 슬픈 마음을 정신과 의사에게 말했고

그 백인 의사는 동양에서 온 나에게 항우울제 약을 처방해줬다.

그 약은 행복을 느끼게 해주는
세로토닌이 분비되는 약이었다.

Serotonin (세로토닌)

혈액이 응고될 때 혈관 수축 작용을 하는
아민류의 물질. 포유류의 혈소판, 혈청,…
침샘에 함유. 뇌 조직에서도 생성되는데
지나치게 많으면 뇌 기능을 자극하고…

나는 지푸라기라도 잡는 심정으로

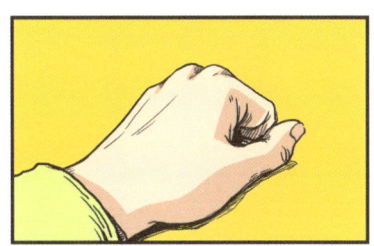

그 약을 먹었다.

그러자

기분이 좋아졌다!

이건 나에게 엄청난 충격이었다.

어쩌면 그동안 나는 가상의 세계에서 살았던 것이 아닐까?

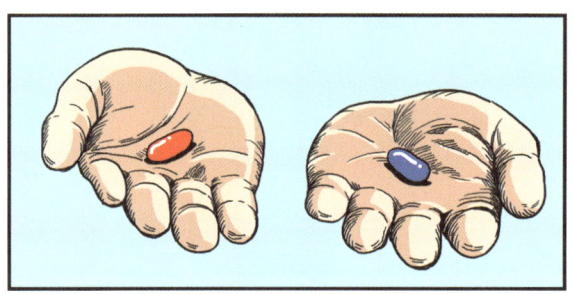

마치 영화 〈매트릭스〉의 네오가 된 기분이었다.

그렇다! 우리는 지금 가상의 세계에 살고 있다.

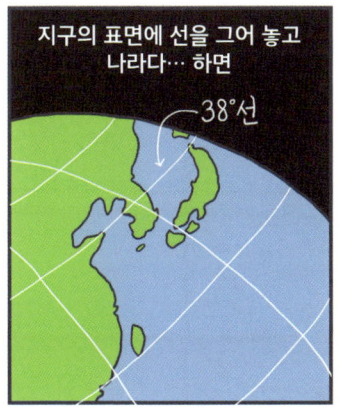

반대로! 그 초록색 종이를 잃거나

그 돌과 나무가 불에 타거나

내가! 여태까지 느꼈던 희로애락이 모~두 다!

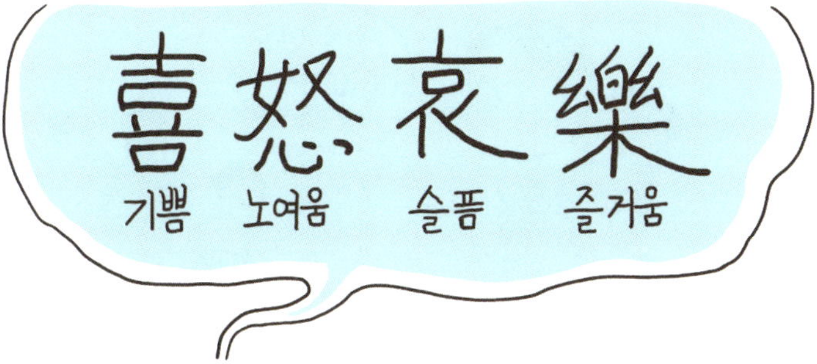

喜怒哀樂
기쁨 노여움 슬픔 즐거움

가상에서 왔는데!

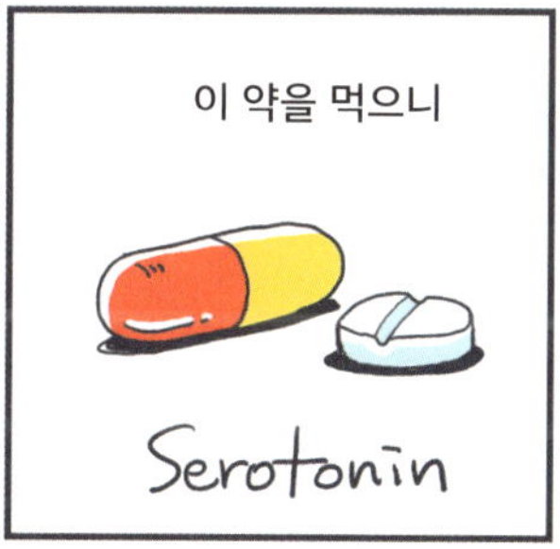

이 약을 먹으니

Serotonin

그 어떤 이유도 없이 바로 행복해지는구나.

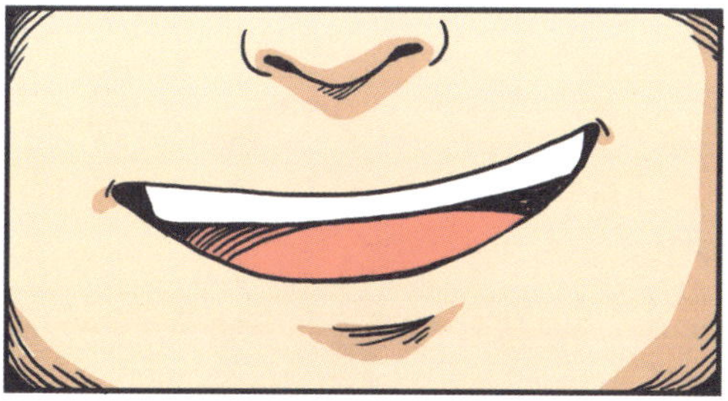

아… 이건 진짜다!

1900년대 초, 아이들은 대부분 일하면서 자랐다.

아이가 일하는 것은 아주 당연했다.

오히려 아이에게 일을 시키지 않으면 이상한 부모였다.

왜냐하면 아이들은 일하면서

세상을 배우고 크는 것이었으니까.

이런 도덕적 관념

아니 그 어떠한 관념도

결국 우리 머릿속에 가상으로만 존재하고

그 가상은

시대가 변하고 환경이 바뀌면 바로 변해 버린다!

라떼는 그랬지...

시도 때도 없이 변화하는 가상의 세계에서 살던 내가

영화 〈매트릭스〉에서 빨간 약을 먹고 깨어난 네오처럼 느껴졌다.

항우울제를 먹고 가상 세계에서 깨어난 뒤

드디어 진짜를 알게 되었고 오히려 가상의 세계에 살고 있는 사람들을 구해줘야겠다고 생각했다.

"이게 진짜라구!"

네오와 같은 The one은 못 되지만 'The one minute science(1분 과학)'는 될 수 있지 않을까?

사람들은 영화관에서 영화를 볼 때

그 가상의 이야기에 심취하지만

영화임을 인지하고 있다.

영화가 끝나면 검은 화면과 엔딩 크레딧이 올라오니까.

하지만 우리가 사는 가상의 세계에는 엔딩 크레딧이 올라오지 않는다.

죽을 때까지

그리고 죽어서야 검은 화면을 보게 된다.

가상을 가상으로 즐기면 행복할 수 있지만

가상이 우리를 지배하면 꼭두각시가 되어
가짜 인생을 살다 끝을 맺는다.

이런 사람을 보며 영화 속 한 인물은 다음과 같이 말한다.

Why so serious?
왜 그렇게 진지해?※

※ 영화 〈다크나이트〉 조커의 대사

그는 이 세상이 가상으로 이루어진 게임임을 알고 있었다.

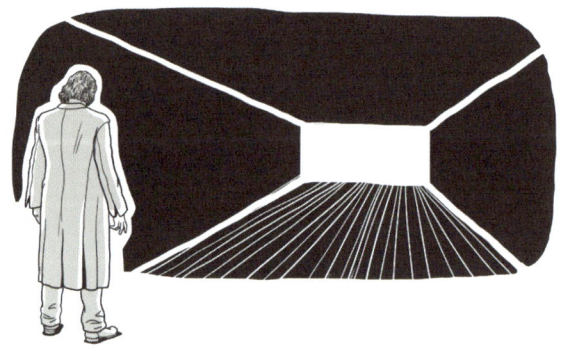

그래서 그 게임에 심취해 사는 사람을 보면 웃음이 나온 것이다.

우리가 음악을 듣는 이유는 끝을 듣기 위해서가 아니다.

만일 그랬다면
가장 빠르게
연주하는 연주자만
필요했을 것이다.

우주도 마찬가지다.

목적이 없으며 음악처럼 끝을 위해 존재하지도 않는다.

우주는 어떠한 결과를 원하지 않는다.

그런데 우리는 어렸을 때부터 어떤 말을 들어왔는가?

대학 가라, 취업해라, 돈 벌어라, 승진해라, 결혼해라.

가상의 목표를 위해

그렇다면 가상의 세계에서 깨어나 진짜 세상으로 돌아오려면 어떻게 해야 할까?

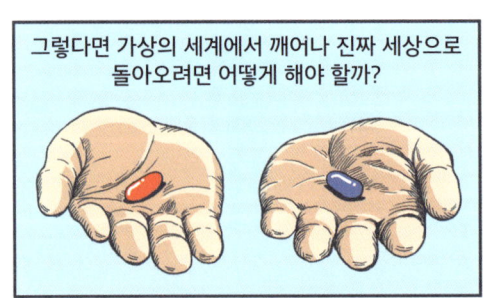

힌트는 있다.

저 반짝이는 별에

죽은 물고기에

향기를
뿜는 꽃에

시든 잎사귀에…

그리고

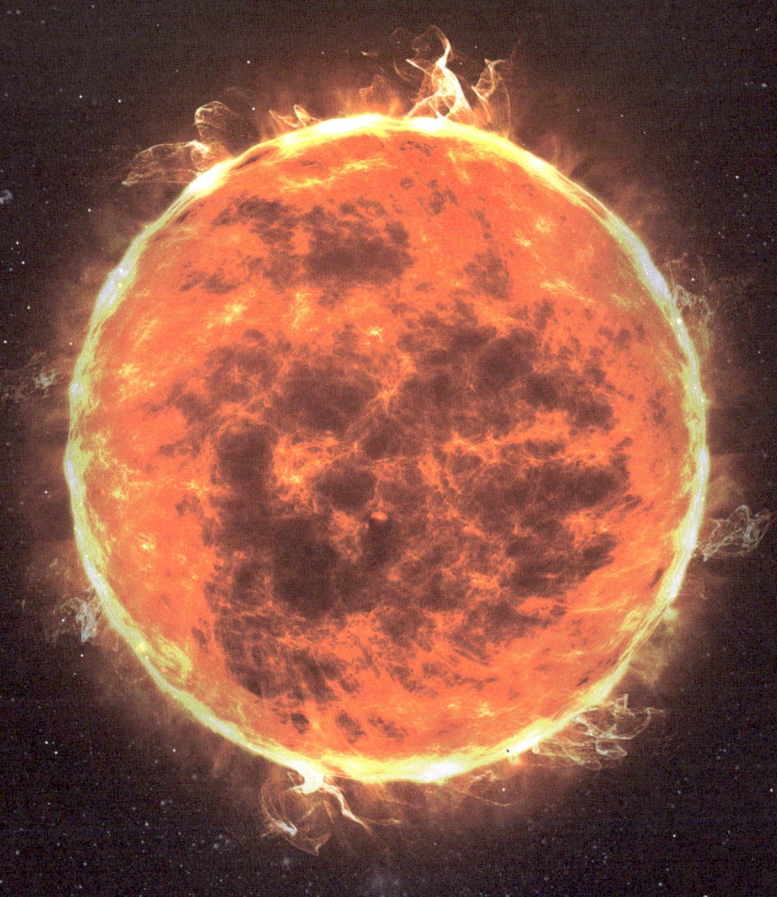

폭발하는 태양에!!!

거짓말
: 사라지지 않는 과학계 거짓말 TOP 10

1. 사람의 조상은 원숭이다.

옛날에 곰과 호랑이 그리고 원숭이가 환웅을 찾아와 사람이 되길 청했다.

환웅은 사람이 되는 방법을 알려주었지만

원숭이와 호랑이는 이를 믿지 못했다.

결국 곰은 사람이 되었지만 원숭이와 호랑이는 뜻을 이루지 못했다.
이렇듯 원숭이가 사람과 아무리 닮은 점이 많다고 해도

사람은 원숭이로부터 진화하지 않았다.

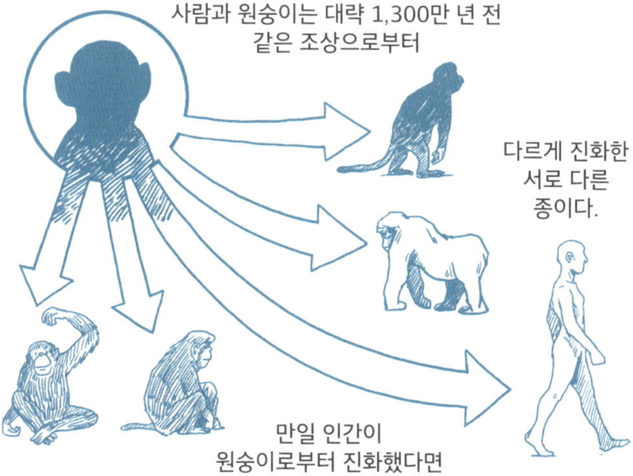

사람과 원숭이는 대략 1,300만 년 전 같은 조상으로부터 다르게 진화한 서로 다른 종이다.

만일 인간이 원숭이로부터 진화했다면

"난 일본원숭이가 조상님이야"

"난 긴팔원숭이 후손인데"

원숭이는 모두 인간으로 진화해 지구에 더는 존재하지 않아야 한다.

그러므로 원숭이는 인간의 조상이 아닌 형제라고 하는 것이 더 정확하다.

2. 사람은 두뇌의 10%만 사용한다.

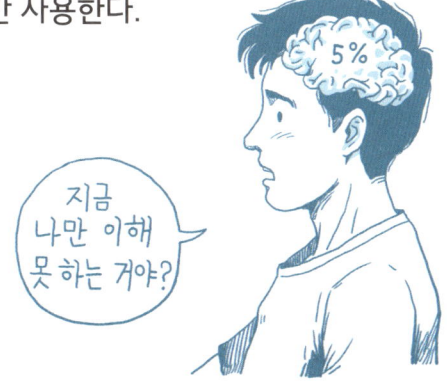

영화 〈리미트리스〉의 주인공은 두뇌를 100% 활용할 수 있는 약을 먹고

천재가 된다.

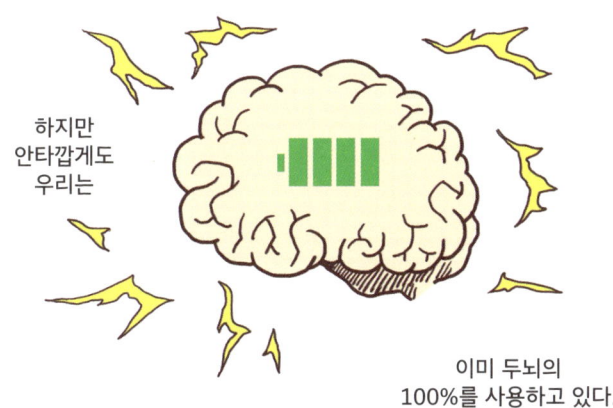

하지만 안타깝게도 우리는 이미 두뇌의 100%를 사용하고 있다.

아무것도 안 하고 가만히 누워 쉴 때는
두뇌의 10%정도만 사용할지 몰라도

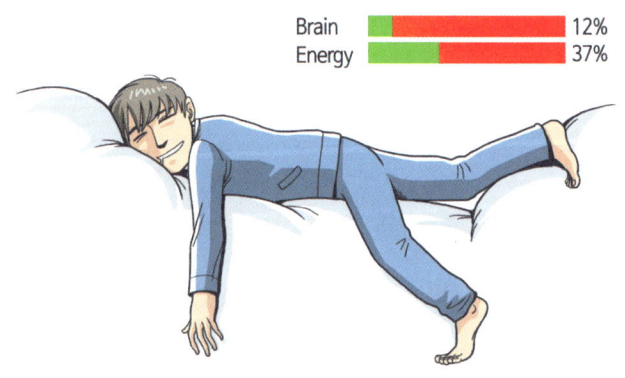

대부분의 상황에서 최대치로 가동된다.

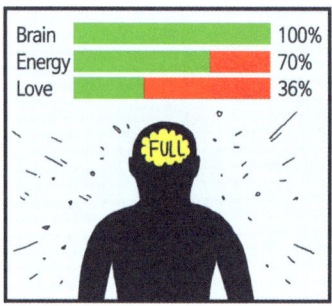

두뇌는 인간의 몸무게에서 3%밖에 되지 않지만

종일 일하며 전체 에너지의 20%를 사용한다.

3. 만리장성은 우주에서도 보인다?

4. 번개는 같은 곳에 두 번 떨어지지 않는다.

미국 버지니아주 국립공원

경비원이었던 로이 설리번

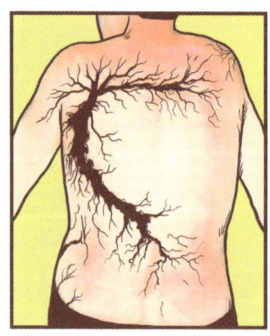 

로이 설리번은

32년간 일곱 차례나 번개에 맞았다.

또한
높은 빌딩이
꽤 빈번하게
번개를
맞는 것을
생각하면

번개가 떨어질 자리를 보고
떨어지는 것 같지는 않다.

5. 개는 색맹이다.

일반적으로 개는 색상을 구분하지 못한다고 알려져 있다.

우리가 생각하는 것보다 뛰어나다.

개는 파란색과 노란색 계열의 색을 볼 수 있으며
망막 뒤의 반사판으로 빛을 한 번 더 튕겨내

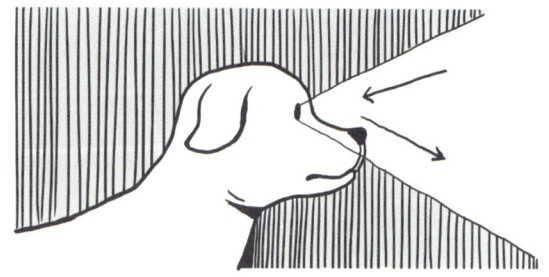

야간 활동 또한 수월하다.

개의 세상이 완벽한 흑백이었다면

맹인 안내견 역할을
할 수 없었을 것이다.

6. 상어는 암에 걸리지 않는다.

상어가 암에 걸리지 않는다는 헛소리를 퍼뜨린 인물은

상어 연골로 만든 암 치료제를 팔려고 했던

7. 금붕어의 기억력은 3초다.

놀랍게도 금붕어는 꽤 괜찮은 기억력을 가지고 있다.

금붕어는 무려 수개월을 기억할 수 있다고 한다.

어항 유리 함부로 건들지 말자!

8. 나이가 들면 머리가 굳는다.

어릴수록 새로운 것을 빠르게 배우고

나이든 두뇌도 그 나름의 많은 장점이 있다고 한다.

유창한 언변 덕에 말을 논리적으로 더 잘하게 된다.

실제로 성공하는 사람들의 연령대가 대부분
40대 이상인 것을 감안하면

젊은 두뇌는 빠르게 배우고 나이든 두뇌는 지혜롭게 활용한다.

13

새로운 신
: 나보다 나를 더 잘 아는 존재

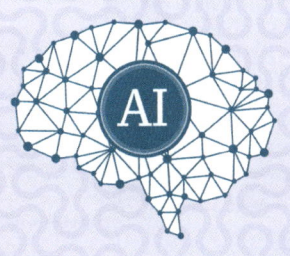

오랫동안 인간은

신의 말을 들으며 살아왔다.

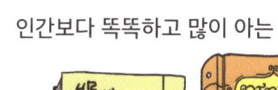

우리의 리더 또한 내가 직접 투표하죠.

왜냐하면 옳고 그름을 결정하는 것은 신이 아니라 인간이기 때문이다.

그런데 이 당연해 보이는 사실에 금이 가고 있다면 믿겠는가?

내가 하고 싶어 하는 것을 나보다 더 잘 알고, 원하는 것도 나보다 더 잘 아는 존재가 만들어지고 있다면 믿겠는가?

나보다 나를 더 잘 아는 이 존재는

하나님도, 무당도 아니다.

놀랍게도 생명과학에서 만들어진 존재이다.

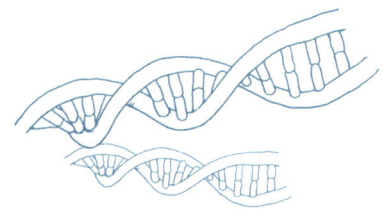

찰스 다윈 때부터 지금까지의 생명과학을 한 문장으로 정리하면 이렇다.

"생명체, 즉 올가니즘(유기체)은 알고리즘이다."

《호모 데우스》에서 나오는 예시를 들어보자.

우리가 즐겨 먹는 커피 자판기는 커피를 만드는 알고리즘으로 작용한다.

컵에다 내용물을 내린다.

이런 알고리즘으로 커피 한 잔이 완성된다.

그리고 완성된 커피를 인간이 마신다.

생명과학에 따르면
버튼을 누르고 커피 컵을 들어올려

마시는 인간까지가 알고리즘이라고 한다.

생명체는 알고리즘이다.

이게 무슨 말일까?

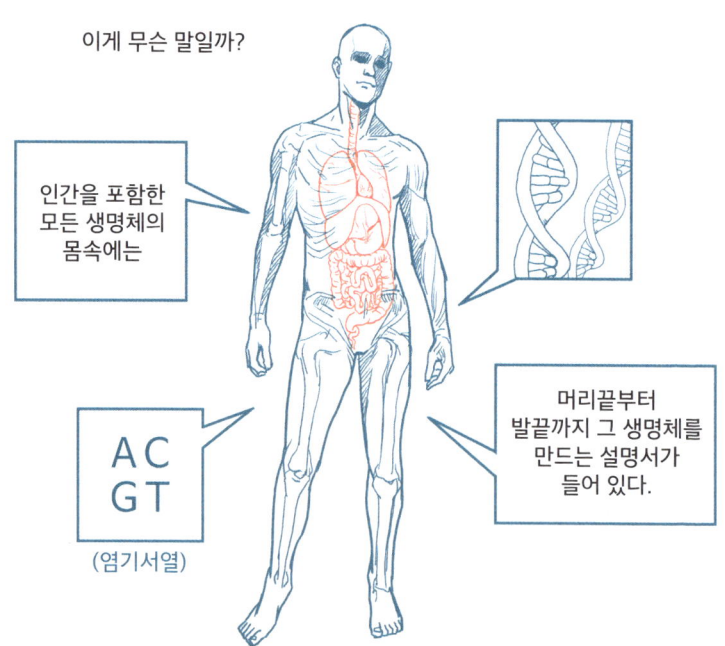

인간을 포함한 모든 생명체의 몸속에는

머리끝부터 발끝까지 그 생명체를 만드는 설명서가 들어 있다.

A C
G T
(염기서열)

우리는 그것을 DNA라고 부른다.

눈동자 색부터 감정을 느끼게 하는 뇌의 형성에 이르기까지
당신에 대한 모든 정보가 이 네 글자로 적혀 있다.

이것을 조합하면 모든 생명체를 만들 수 있다.

반면 컴퓨터의 본체 속은
두 자로 이루어져 있다.

이 두 자를 잘 조합하면
아주 멋지고 강력한
소프트웨어가 탄생한다.

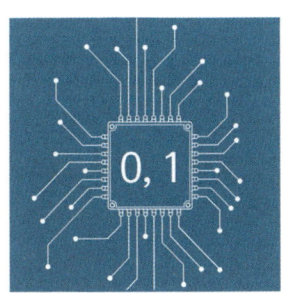

컴퓨터나 생명체나 모두 몸속에 설명서를 갖고 다니는 셈이다.

그리고 우리의 설명서는
수십억 년에 걸쳐 한 자 한 자 바뀌며 진화해왔다.

그렇다면 진화란 무엇인가?

진화 ex) 1

낭떠러지를
예로 들어보자.

낭떠러지에서
무서움을 느끼지
못하는 동물은
겁 없이 낭떠러지에
다가갔다가

떨어져 죽었다.

으 악

큰 일 날 뻔 했네!

알파벳은 천천히 바뀌었고 낭떠러지에 다가서면
'무서움'이라는 감정을 느끼는 동물이 만들어졌다.

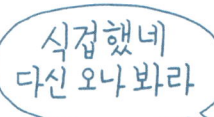

결국 낭떠러지에서 '무서움'을
느끼는 동물이
그렇지 않은 동물보다
생존율이 높아진 것이다.

그리고 지금까지
생존해온 우리의
설명서는
높은 곳에 있을 때

'무서움'을 느끼도록 쓰여 있다.

진화 ex)2

호모 사피엔스는 되는 대로 많은 음식을 섭취해야 했다.

그중에서도 칼로리가 높은 음식을 먹는 게 중요했는데

생명체는 살기 위해 에너지가 필요했고,

에너지가 많은 음식을 맛있게 느껴서

에너지를 충분히 흡입할 수 있었던 동물은 생존율이 높아졌다.

그리고 지금까지 생존해온 우리의 DNA는

고칼로리 음식을 보면 입속에 군침을 만든다.

그렇게 인간이라는 파일명에 알고리즘이 한 줄 한 줄 써내려졌다.

위험한 것에 '무서움'을 느껴라.

고칼로리 음식에 '맛있음'을 느껴라.

애인에게는 '성욕'을 느끼고

사자를 보면 '두려움'을 느끼고

병을 옮기는 모기에게 '싫음'을 느끼고

낯선 자에겐 '경계심'을 느껴라.

커플들은 7년 정도 '사랑'이라는 감정을 느껴라.

너의 DNA가 너희 둘의 보살핌 없이 스스로 생존하려면

적어도 아이가 7세는 되어야 한다.

그때까지
사랑하라.

'Organism is Algorithm.'
(유기체는 알고리즘이다.)

우리는 이렇게 몸속의 알고리즘이 하는 말을 들어왔었다.

'유기체는 알고리즘이다.'

그런데 진짜 문제는 생명체가 알고리즘에서 오는 게 아니라

눈덮인 들판을 밟고 지날때
함부로 어지러이 걷지 마라
오늘 내가 남긴 발자국이
'너의 알고리즘이 되리니'※
- 踏雪野中去 -
답설야중거

※ 원문 '뒤에 오는 사람의 길이 되리니'를 변형

이 알고리즘을 우리가 하나하나 직접 만든다는 것이다.

←촬훈해체(이양연)

유튜브 홈페이지에 들어가면

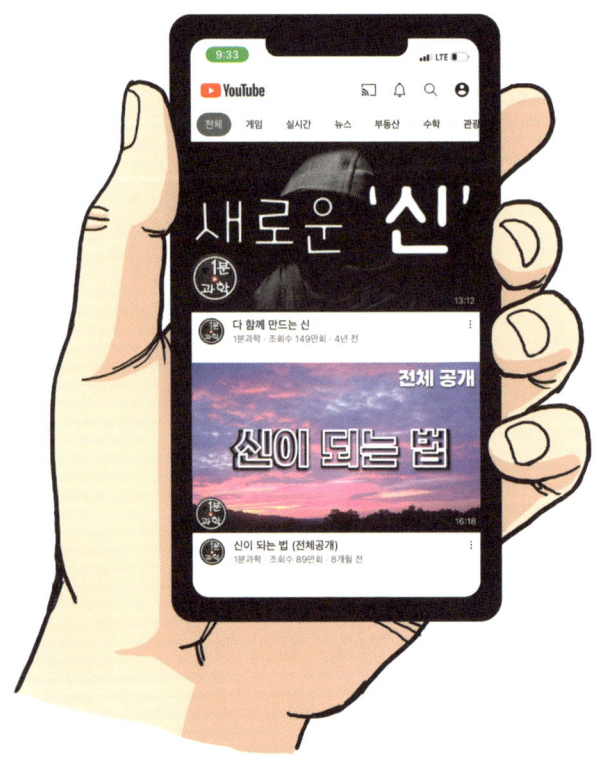

각자가 흥미로울 만한 영상이 올라와 있다.

'좋아요'를 눌렀던 영상들을 바탕으로 무엇에 관심이 있을지
사용자 개개인의 성향에 맞추어 유튜브 알고리즘이 추천해주는 것이다.

이 알고리즘은 점점 정확해지고 있어서

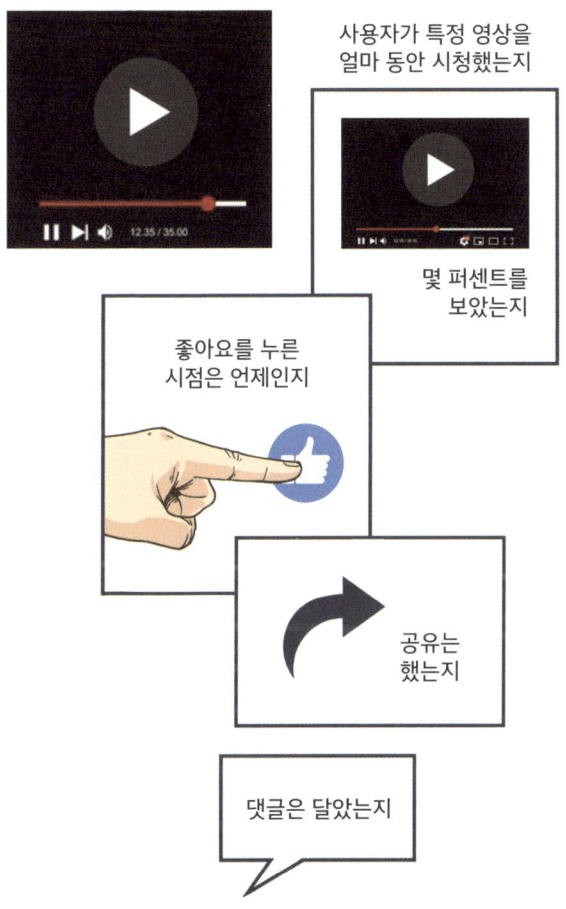

사용자가 특정 영상을
얼마 동안 시청했는지

몇 퍼센트를
보았는지

좋아요를 누른
시점은 언제인지

공유는
했는지

댓글은 달았는지

코멘트에서 머문 시간은 얼마나 되는지

심지어 어떤 부분을 반복해서 보았고

정지를 했으며

어느 장면이 나오자 영상을 껐는지까지

기억하고 당신에 대해 배운다.

페이스북에 따르면

페이스북 알고리즘은 어떤 사람의 좋아요만 보면 그 사람에 대해 누구보다 더 잘 알 수 있어요.

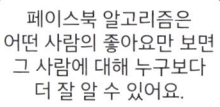

좋아요 10개가 있으면 직장 동료보다 그의 성격을 더 잘 파악했고

좋아요 70개를 가지고는 그 사람의 친구들보다도 더 잘 파악했으며

그 사람의 가족보다 더 잘 알려면 좋아요 150개만 있으면 돼요.

그리고 그의 배우자보다 더 잘 알기 위해선

좋아요 300개면 충분합니다.

페이스북 알고리즘은 300개의 '좋아요'만을 가지고

취미   성향   적성   식성   성격

수년 간 동고동락한 배우자보다

더 정확하게

그 사람을 알고 있었던 것이다.

그렇다면 알고리즘이 나보다 나를 더 잘 알기 위해선
몇 개의 '좋아요'가 필요할까?

나보다 나를 더 잘 안다…

이게 무슨 말도 안 되는 소리인지 하겠지만

알고리즘이 나를
더 잘 아는 것은
그렇게 어려운 일이
아니다.

인간의 기억력은 컴퓨터에 비하면 현저히 떨어지고,

판단력은 그날의 기분이나 날씨

판단을 내리기 전 무엇을 하고 보았는지에 따라 엄청난 영향을 받는다.

그래서 인간은 정확한 판단을 곧잘 내리지 못한다.

이걸 우리는 '실수'라고 한다.

그러나 알고리즘은 기억을 까먹지도,
날씨나 기분에 따라 판단이 흔들릴 일도 없다.

실수하지 않는다는 이야기이다.

페이스북 알고리즘은 그 사람이 술, 담배를 하는 정도나

그 사람의 인맥이 친구

어느 정도 되는지 604명

이미 당사자보다 더 잘 알고 있다고 한다.

이게 무엇을 의미하는지 아는가?

직장 상사가 나에게 술, 담배를 얼마나 하는지 물었다고 가정해보자.

그런데 여기서 정확한 답은 나보다 나의 알고리즘이 더 잘 알고 있다.

그렇다면 상사의 물음에 굳이 직접 대답할 필요가 있을까?

그냥 나의 알고리즘을 읽으면 되지 않을까?

그렇다면! 내가 상대방의 물음에 '생각'을 할 필요가 있을까?

그냥 알고리즘을 읽으면 되지 않을까?

아니! 애초에 상사는 나에게 이런 질문을 할 필요가 있었을까?

이런 알고리즘이 사용되기 시작한 건 불과 몇 년밖에 되지 않았다.

2010년에 설립되었으며 전 세계적으로 사용되기 시작한 건 최근의 일이다.

알고리즘이 나를 파악하는 속도가 이렇게 빠르다면,

완전히 파악하기까지는 얼마나 걸릴까?

그리고 나를 완벽하게 파악한다면…
무슨 일이 일어날까?

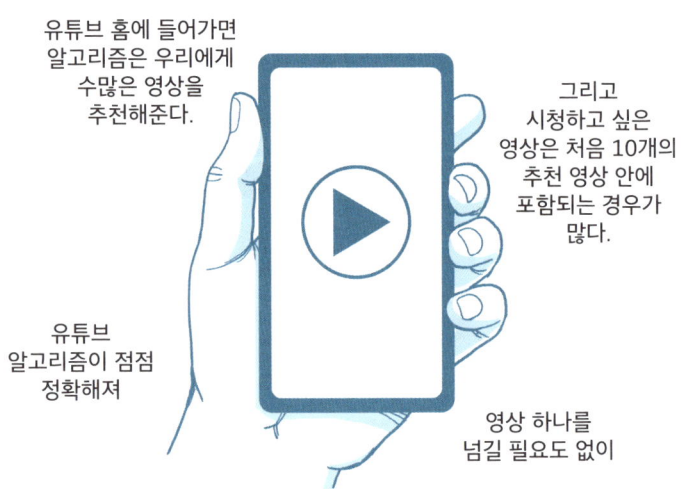

유튜브 홈에 들어가면 알고리즘은 우리에게 수많은 영상을 추천해준다.

그리고 시청하고 싶은 영상은 처음 10개의 추천 영상 안에 포함되는 경우가 많다.

유튜브 알고리즘이 점점 정확해져

영상 하나를 넘길 필요도 없이

매번 처음 뜨는 영상이 바로

오~ 좋아!

내가 보고 싶은 영상이라면

영상을 직접 고를 필요가 있을까?

여러 개의 영상 목록이 필요하기나 할까?

유튜브 아이콘만 누르면 바로 영상이 재생되도록 하면 되지 않을까?

알고리즘이 정확히 아는데 말이다.

그렇다면 우리가 유튜브라는 공간에서
무언가를 생각하고 선택할 필요가 있을까?

알고리즘이 모든 것을 대신 해주는데

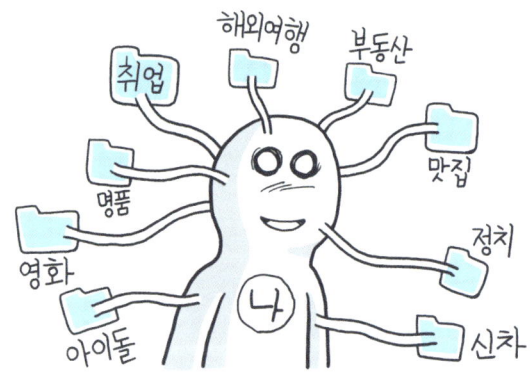

유튜브에 '나'라는 존재가 필요할까?

나의 '알고리즘'만 있으면 되지 않을까?

알고리즘이 나를 완벽히 파악한다면

후보자들을 내가 직접 다 볼 필요가 있을까?

그냥 내 알고리즘이 자동으로 투표하면 되겠네.

나보다 내 알고리즘이 더 정확한데 말이다!

어차피 홍길동 님이 지지하는 후보는 기호 1번이잖아요~

그렇다면 내가 이 사회에서 직접 무언가를 선택할 필요가 있을까?

난 아직 결정 안 했는디...

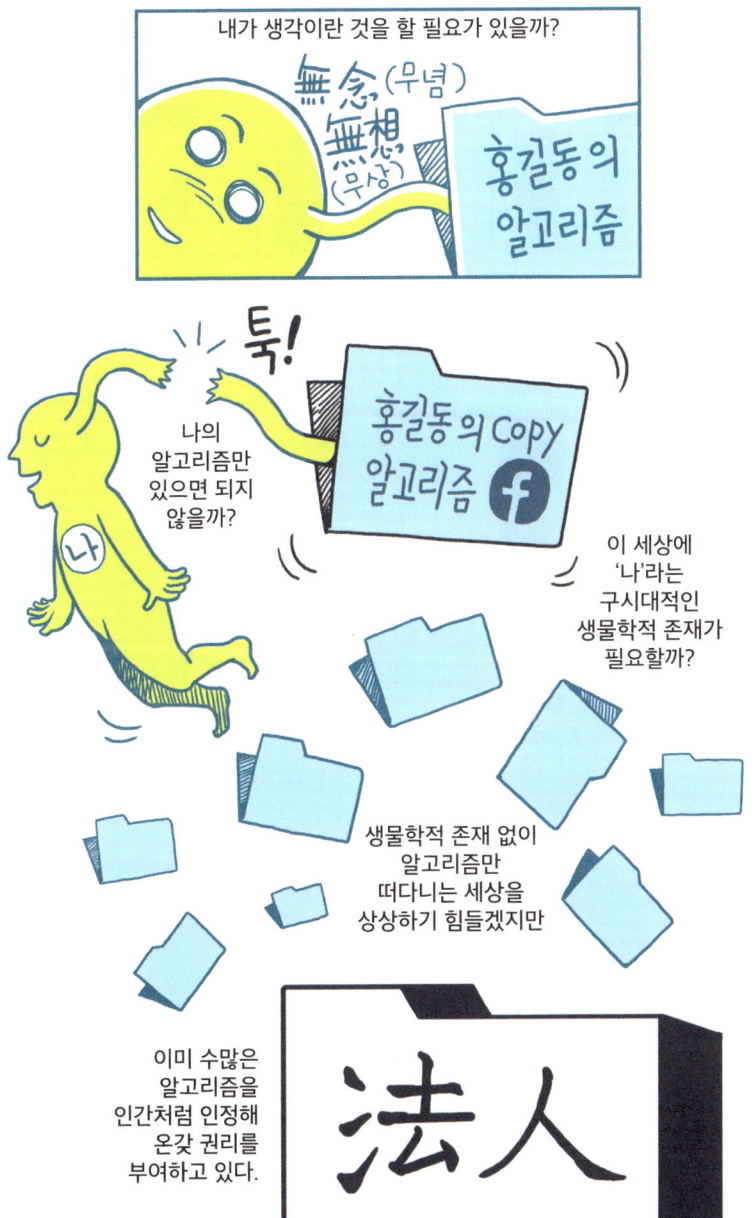

구글이라는 거대한 알고리즘

삼성이라는 알고리즘

애플이라는 알고리즘

그들은 샐러리맨처럼 돈도 벌고

나는 판단한다 고로 존재한다

수출할 때는 해당 국가의 관세도 낸다.

소득의 한 부분을 세금으로 내고

Company Algorithm System

더 나아가 '국가'라는 존재도 하나의 거대한 알고리즘이며

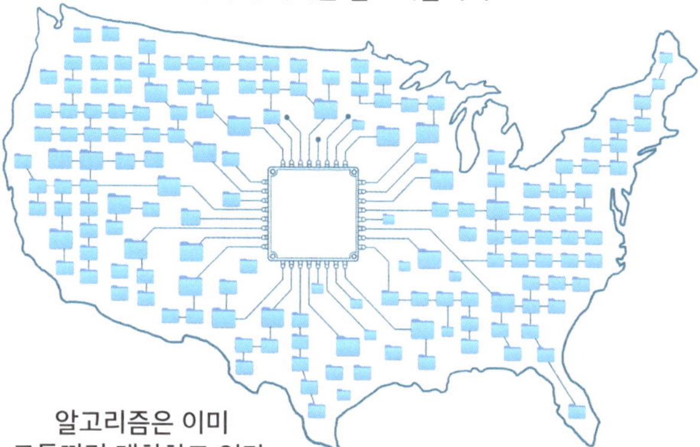

알고리즘은 이미 그들끼리 대화하고 있다.

게다가 그들은

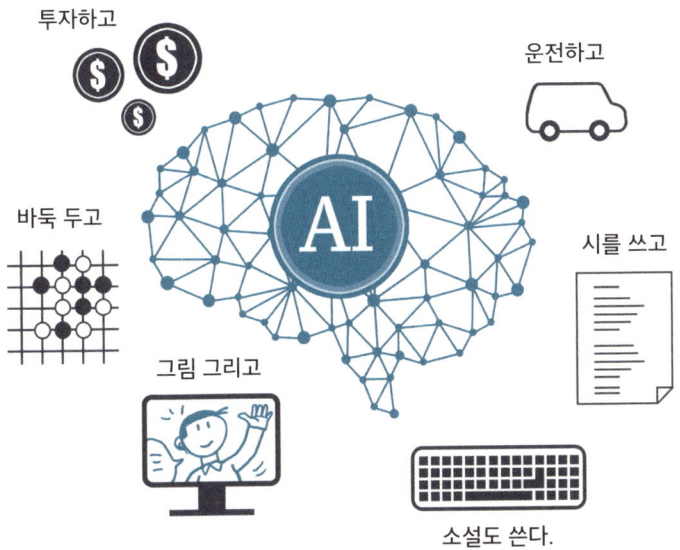

심지어 여러 분야에서는
우리를 뛰어넘기 시작했다.

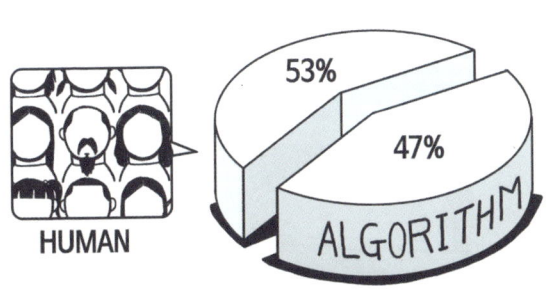

옥스퍼드 대학교에서 진행한 연구에 따르면 2033년까지 미국에 있는
47%의 일자리가 알고리즘으로 대체될 수 있다고 한다.

그런데 안타깝게도 이건

시작에 불과하다.

새롭게 부상 중인 웨어러블 기기들은

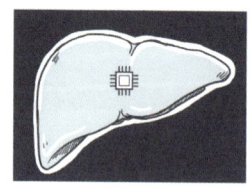

우리의 맥박, 혈압, 콜레스테롤 수치 등을 실시간으로 체크해 몸에 이상이 있는지 알려준다.

이 기기를 차고 다니는 당뇨병 환자가 있다고 가정해보자.

그가 아침에 일어나서 당일 컨디션이 좋다고 느끼더라도

기기에서 혈당이 높으니

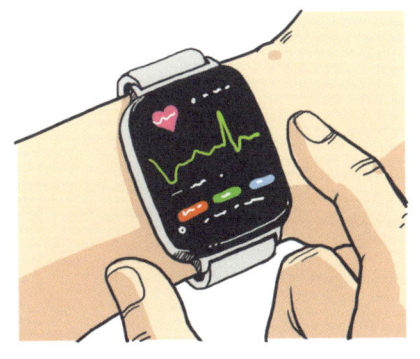

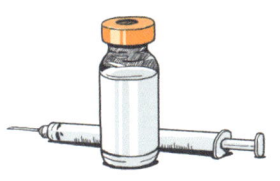

인슐린 주사를 맞아야 한다고 하면

자신의 기분과 무관하게
주사를 맞을 것이다.

왜냐 하면 나의 기분보다

웨어러블 기기의 알고리즘이 더 정확하기 때문이죠.

나의 감정이나 판단보다
알고리즘의 말을 더 신뢰하는 새로운 시대가 오고 있다.

"너 자신을 믿지 마라!"

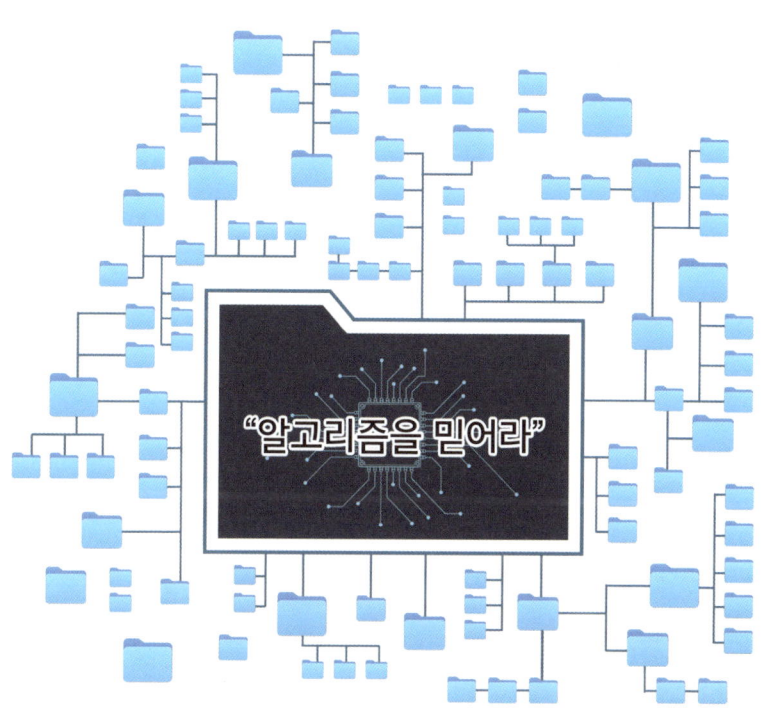

21세기에 우리는 엄청난 종교의 탄생을,

'새로운 신'을 목격하고 있다.

14

시뮬레이션
: 무한 가상의 세계

이 세상이

시뮬레이션이 아닐 가능성은

"백만분의 1입니다."

일론 머스크

2001년, 한 저술지에 논문 하나가 올라온다.

…이게 무슨 개소리일까?

1980년대…

40년 전 우리가 할 수 있는 게임은

갤로그와 같은

2차원적인 단순한 게임이었다.

그러다 20년 후 스타크래프트가 나오고

지금은 엄청난 그래픽 바탕에

플레이어가 캐릭터를 조종하는 FPS 게임들과

다른 세상에 들어온 듯한 VR까지 나왔다.

1980년대

2000년대

2020년대

138억 년이라는 우주 나이에 비해 40년은 찰나다.

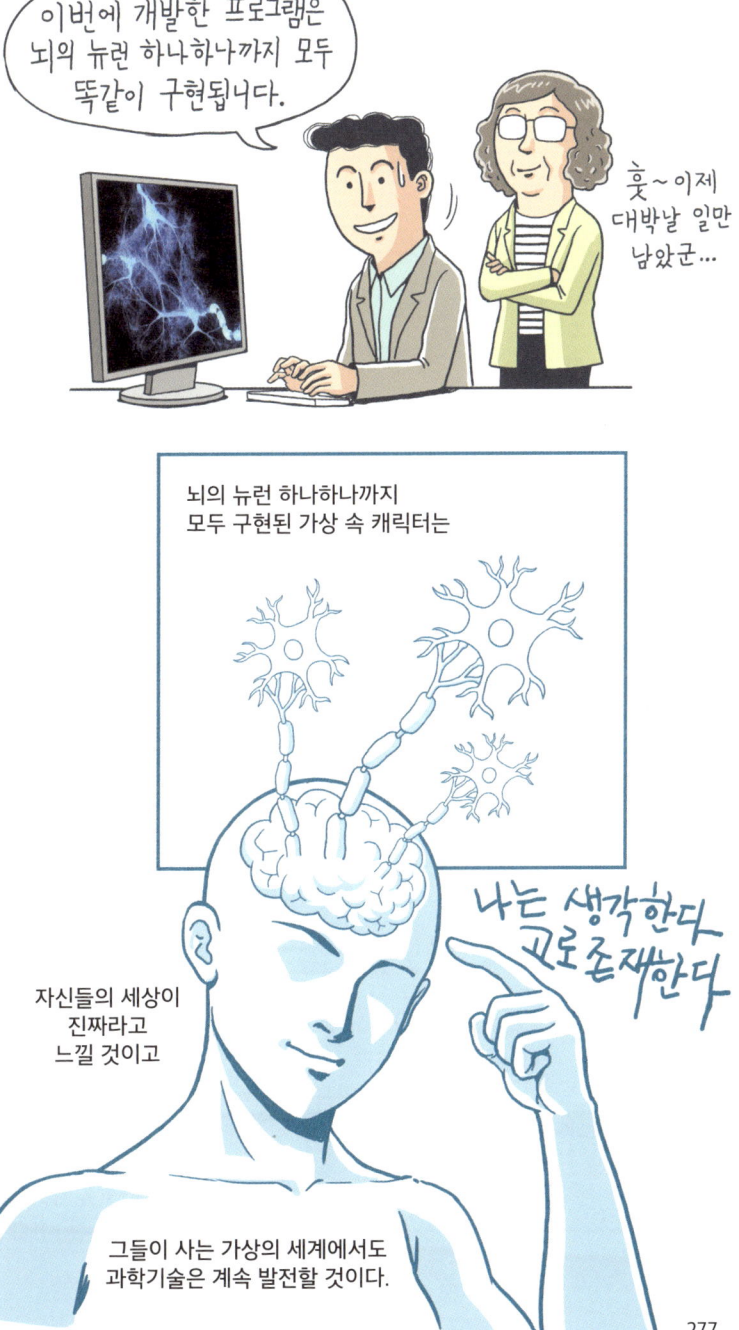

그렇다면 그들의 기술
또한 언젠가는

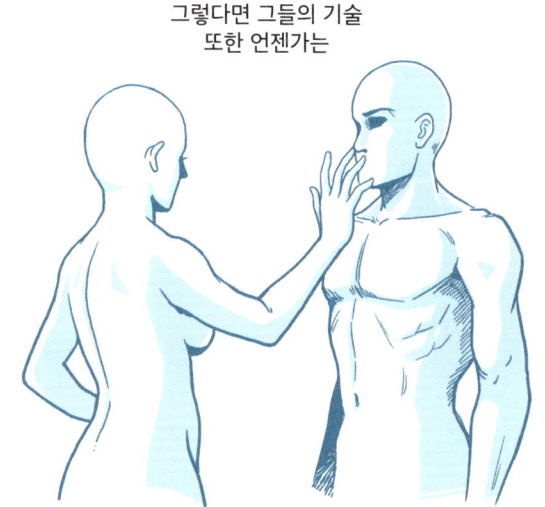

현실과 구분되지 않을 정도의 시뮬레이션을 만들 수 있을 것이다.

"그 말은"

우리가 한번 가상 세계를 만들면

그 속에서도 또 가상의 세계가 만들어질 것이고
그리고 그 안에서도 또 가상이 만들어지는

거의 무한에 가까운 가상의 우주가 만들어진다는 말이다.

일론 머스크는 99.9999%의 확률로 이 세상은
시뮬레이션이라고 말한다.

이건 그가 99.9999%의 확신이 있어서가 아니다.

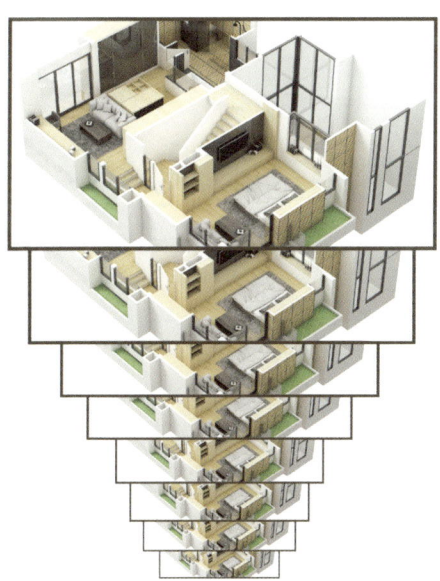

수많은 시뮬레이션이 존재하는 것은 확실하나
그 속에서

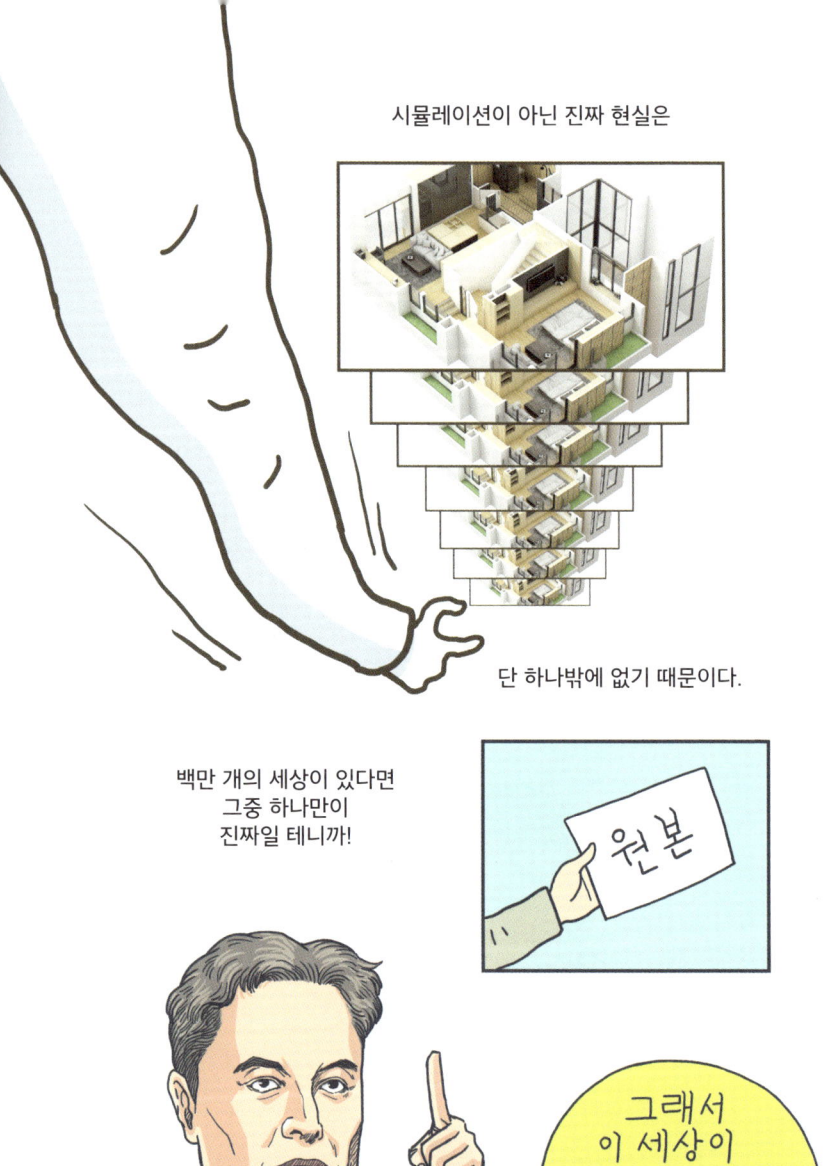

일론 머스크는 오히려 이 세상이 시뮬레이션이길 바라야 한다고 말한다.

미래의 인간들이

시뮬레이션을 돌리지 않을 거라고 장담할 수는 없다.

왜냐하면 우리는 지금도 수많은 시뮬레이션을 돌리고 있으니까.

우리의 우주에는 바뀌지 않는
절대 법칙이 있다.

그 어떤 물질도
빛보다 빠를 수
없다는 것

이건 우주에 존재하는 제한속도와 같다.

그래서 미래에 기술이 아무리 발전해도
아무리 우주선이 빨라져도 우리 은하 바깥의 은하는 절대 알 수 없다.

하지만 우리는
저기 은하가 있음을 안다.
우리는 138억 년 전
빅뱅이 터진 걸 안다.

그러나
저 은하에 가본 사람은
아무도 없고
138억 년 전
그곳에 있었던 사람 역시
아무도 없다.

그럼에도
저기에 은하가 있고
138억 년 전 빅뱅이 일어났다고
믿는 이유는

저기 은하가 존재하고 과거에 빅뱅으로 우주가 시작됐다는 '정보'가 지금 우리에게 있기 때문이다. 우리가 갖고 있는 건 그거 하나다!

'정보'

《인포메이션》의 저자 제임스 글릭은 이렇게 말했다.

우주의 궁극적인 본질은 '정보'입니다.

이 세상은 정말 정보로 이루어진 것일까?

성경에서는 신이 인간을 만들 때 자신의 모습을 본떠서 인간을 만들었다고 말한다.

어쩌면 이 세상을 만든 신은

정말 인간의 모습을 하고 있을지도 모른다.

> 참고 문헌

01. 모기

- Shüné Oliver, "WHAT WOULD HAPPEN IF ALL THE MOSQUITOES IN THE WORLD DISAPPEARED?", 2022. 2. 4.
  https://www.nicd.ac.za/what-would-happen-if-all-the-mosquitoes-in-the-world-disappeared/
- "Arctic mosquitoes thriving under climate change, study finds", 2015. 9. 15.
  https://www.sciencedaily.com/releases/2015/09/150915211314.htm
- Iain M. Fraser, David L. Roberts, Michael Brock, "The economics of species extinction: An economist's viewpoint", 2023. 8. 9.
  https://www.cambridge.org/core/journals/cambridge-prisms-extinction/article/economics-of-species-extinction-an-economists-viewpoint/E1EE7B4EFDF370C62483AFAE1A6700F4

02. 우울증

- Edward H Hagen, "Evolutionary Theories of Depression: A Critical Review", 2011
  https://journals.sagepub.com/doi/pdf/10.1177/ 070674371105601203
- PAUL W. ANDREWS & J. ANDERSON THOMSON JR.,"Depression'sEvolutionaryRoots", 2009. 8. 25.
  https://www.scientificamerican.com/article/depressions-evolutionary/

03. 애완견

- Stanley Coren, "Why Some Dogs Have Floppy Ears and Wolves Don't", 2018. 1. 31.
  https://www.psychologytoday.com/us/blog/canine-corner/201801/why-some-dogs-have-floppy-ears-and-wolves-dont

- Mary Straus, "Wolves,Dogs,DifferinAbilitytoDigestStarches", 2013. 2. 13.
  https://www.whole-dog-journal.com/health/wolves-dogs-differ-in-ability-to-digest-starches/

04. 사랑의 과학

- C. Sue Carter , Allison M. Perkeybile, "The Monogamy Paradox: What Do Love and Sex Have to Do With It?", 2018. 11. 29.
  https://www.frontiersin.org/articles/10.3389/fevo.2018.00202/full
- Nicole Rigney, Geert J de Vries, Aras Petrulis, Larry J Young, "Oxytocin, Vasopressin, and Social Behavior: From Neural Circuits to Clinical Opportunities", 2022. 7. 21.
  https://academic.oup.com/endo/article/163/9/bqac111/6648172
- Theresa E. DiDonato, "Is the 7-Year Itch a Myth or Reality?", 2020. 2. 15.
  https://www.psychologytoday.com/ie/blog/meet-catch-and-keep/202002/is-the-7-year-itch-myth-or-reality
- Dario Maestripierl, "The Seven Year Itch: Theories of Marriage, Divorce, and Love", 2012. 2. 3.
  https://www.psychologytoday.com/us/blog/games-primates-play/201202/the-seven-year-itch-theories-marriage-divorce-and-love

05. 데자뷔

- Crystal Ray. pole, "What Causes Déjà vu?", 2020. 3. 30.
  https://www.healthline.com/health/mental-health/what-causes-deja-vu
- Nathan A. Illman, Chris R. Butler, Celine Souchay, and ChrisJ. A. Moulin, "DéjàExperiencesinTemporalLobeEpilepsy", 2012. 3. 20.
  https://www.ncbi.nlm.nih.gov/pmc/articles/PMC3420423/

06. 싸움

- Joshua Horns, Rebekah Jung, David R. Carrier, "In vitro strain in human metacarpal bones during striking: testing the pugilism hypothesis of hominin hand evolution", 2015. 10. 1.
  http://jeb.biologists.org/content/218/20/3215
- Ming-Jin Liu, Cai-Hua Xiong, "Biomechanical Characteristics of Hand Coordination in Grasping Activities of Daily Living", 2016. 1. 5.

http://journals.plos.org/plosone/article?id=10.1371%2Fjournal.pone.0146193
- Tia Ghose, "Human Hands Evolved for Fighting, StudySuggests", 2012. 12. 20.
https://www.scientificamerican.com/article/human-hands-evolved-for-fighting/

07. 겨털

- N. K. Agrawalm, "Management of hirsutism", 2013. 10.
https://www.ncbi.nlm.nih.gov/pmc/articles/PMC3830374/
- Bonnie D, et al., "Anatomy, skin sweat glands", 2019
https://www.ncbi.nlm.nih.gov/books/NBK482278/
- Hofer MK, et al., "Olfactory cues from romantic partners and strangers influence women's responses to stress. DOI", 2018
https://psycnet.apa.org/doiLanding?doi=10.1037%2Fpspa0000110
- Lanzalaco A, et al., "A comparative clinical study of different hair removal procedures and their impact on axillary odor reduction in men. DOI", 2015
https://onlinelibrary.wiley.com/doi/full/10.1111/jocd.12197
- Shelley WB, et al., " Experimental study of the role of bacteria, apocrine sweat, and deodorants". 1953
https://jamanetwork.com/journals/jamadermatology/article-abstract/523751
- Wyatt TD. "The search for human pheromones: The lost decades and the necessity of returning to first principles. DOI", 2015
https://www.ncbi.nlm.nih.gov/pmc/articles/PMC4375873/

08. 인공지능의 꿈

- CAROLINE REID, "Google's AI Can Dream, and Here's What it Looks Like", 2015 6. 23.
https://www.iflscience.com/artificial-intelligence-dreams-28978

09. 특이점

- Kurzweil, R., 《The Age of Spiritual Machines》, Viking Press, 1999
- Tegmark, M. 《Life 3.0: Being Human in the Age of Artificial Intelligence》, Knopf, 2017

10. 유토피아

- https://www.youtube.com/watch?v=qcGp2zSiVCU
- Harari, Y. 《Homo Deus: A Brief History of Tomorrow》, Harvill Secker
- Gordon, Rachel. "Rethinking AI's impact: MIT CSAIL study reveals economic limits to job automation", 2024. 1. 22. https://www.csail.mit.edu/news/rethinking-ais-impact-mit-csail-study-reveals-economic-limits-job-automation

11. 왜 사니

- https://www.youtube.com/watch?v=TEDslemH6mc
- Frankl, V. "Man's Search for Meaning: An Introduction to Logotherapy. Verlag für Jugend und Volk", 1946
- Harari, Y. 《Sapiens: A Brief History of Humankind》, Dvir Publishing House. Ltd., 2011

12. 거짓말

- https://www.youtube.com/watch?v=DvAGmy7exL8
- Andrew, Peter. "Last Common Ancestor of Apes and Humans: Morphology and Environment", 2020 https://karger.com/fpr/article/91/2/122/143999/Last-Common-Ancestor-of-Apes-and-Humans-Morphology
- Veerakone, Rubina. "Do we only use 10 percent of our brain?", 2024. 1. 26. https://mcgovern.mit.edu/2024/01/26/do-we-use-only-10-percent-of-our-brain/
- Chiang, J., Broccoli, A. "A role for orbital eccentricity in Earth's seasonal climate", 2023 https://geoscienceletters.springeropen.com/articles/10.1186/s40562-023-00313-7
- Coren, Stanley, "Dogs are not actually fully colorblind", 2022. 5. 25. https://www.psychologytoday.com/au/blog/canine-corner/202205/dogs-are-not-actually-fully-colorblind
- Sankar, N. "Do Goldfish Really Have a 3 second Memory?", 2023. 10. 19. https://www.scienceabc.com/nature/animals/do-goldfish-really-have-a-3-second-memory.html

13. 새로운 신

- Harari, Y. 《Homo Deus: A Brief History of Tomorrow》, Harper, 2017

14. 시뮬레이션

- Nick Bostrom, "Are You Living in a Computer Simulation?", 2003
  https://simulation-argument.com/simulation.pdf
- Gleick, J. 《The Information: A History, a Theory, a Flood》, PantheonBooks, 2011
- David Kaiser, "The Double-Slit Experiment: An Adventure in Three Acts", 2011. 3.
  https://ocw.mit.edu/courses/sts-042-einstein-oppenheimer-feynman-physics-in-the-20th-century-fall-2020/mitsts_042j_f20_lecnote_doubleslit.pdf

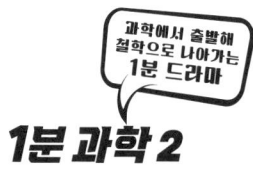

1분 과학 2

초판 1쇄 발행 2024년 9월 2일
초판 2쇄 발행 2024년 9월 30일

지은이 이재범
그린이 최준석
펴낸이 최순영

출판1 본부장 한수미
라이프 팀장 곽지희
편집 이선희
본문 조판 손봄 정최경 김원경

펴낸곳 ㈜위즈덤하우스   **출판등록** 2000년 5월 23일 제13-1071호
주소 서울특별시 마포구 양화로 19 합정오피스빌딩 17층
전화 02) 2179-5600   **홈페이지** www.wisdomhouse.co.kr

ⓒ 이재범, 2024

ISBN 979-11-7171-269-4 07400

- 이 책의 전부 또는 일부 내용을 재사용하려면 반드시 사전에 저작권자와 ㈜위즈덤하우스의 동의를 받아야 합니다.
- 인쇄·제작 및 유통상의 파본 도서는 구입하신 서점에서 바꿔드립니다.
- 책값은 뒤표지에 있습니다.